职业
教育
法律职业教育
精品系列教材

民航安保防卫与控制

编委会　张泽阳　王体帅　马　静
　　　　高启恒　王裔静　陈小暾
　　　　张银福　瞿东波　郑茗芥

副主编　何杏娜　邱　洁　邓　晓

主编　郭靖

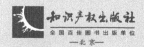

知识产权出版社
全国百佳图书出版单位
—北京—

图书在版编目（CIP）数据

民航安保防卫与控制/郭靖主编.—北京：知识产权出版社，2023.9
ISBN 978-7-5130-8856-5

Ⅰ.①民… Ⅱ.①郭… Ⅲ.①民用机场—机场管理—安全管理 Ⅳ.①V35

中国国家版本馆CIP数据核字(2023)第143286号

责任编辑：赵　军　　　　　　　　　　责任校对：潘凤越
封面设计：纵横华文　　　　　　　　　责任印制：刘译文

民航安保防卫与控制

主　编　郭　靖

出版发行：知识产权出版社有限责任公司	网　　址：http://www.ipph.cn
社　　址：北京市海淀区气象路50号院	邮　　编：100081
责编电话：010-82000860转8127	责编邮箱：zhaojun99668@126.com
发行电话：010-82000860转8101/8102	发行传真：010-82000893/82005070/82000270
印　　刷：北京中献拓方科技发展有限公司	经　　销：新华书店、各大网上书店及相关专业书店
开　　本：787 mm×1092 mm　1/16	印　　张：13
版　　次：2023年9月第1版	印　　次：2023年9月第1次印刷
字　　数：233千字	定　　价：78.00元

ISBN 978-7-5130-8856-5

前　言

安全是民航永恒的主题，民航安全乃国之大事。习近平总书记指示："民航安全事关重大，要站在国家战略和国家安全的高度，加强对我国航空安全保障体系建设的总体规划和统筹协调。"从某种意义上说，民航安全已经成为国家安全、社会稳定的一个重要标志。

进入 21 世纪以来，我国民航业发展迅速，规模不断扩大，安全水平稳步提高，各项重要安全指标远远高于世界平均水平。民航安全是一个复杂的系统，需要几十个部门通力配合，这就决定了对其安全水平要求必须高于其他行业。作为旅客大量聚集的公众场所，民用机场具有复杂性、系统性、利害性、多维性的特征，面临着较高的风险。

首先，机场是综合交通运输平台，是重要的公共基础设施，是航空运输的结点。它不仅是供航空器起降的区域，也是空防安全的责任保障主体。因此，在日益复杂的国际社会背景下，机场也可能是恐怖势力组织报复袭击的对象。

其次，随着国民经济的持续快速发展，人们旅行理念的改变和民航大众化战略的深入推进，选择乘坐民航客机出行的旅客数量持续增长。绝大多数旅客能够遵守民航有关法律法规，文明规范出行；但仍有少数旅客不遵守相关规定，例如，不配合安检、不服从通道管理、擅闯停机坪、破坏机场公共设施等。这些行为给民航安全带来巨大隐患，同时安保人员在管理这些旅客的过程中也可能面临暴力侵害。此外，一些不法分子为引发社会关注，会选择民航机场这个重要交通枢纽采取各种极端暴力行为，侵害旅客人身安全，破坏机场治安秩序。

面对这些潜在安全隐患和暴力侵害行为，机场安保人员在履行职责的过程中，不可避免地需要使用防卫手段与暴力违法行为人进行直接的身体对抗，维护机场治安秩序。因此，机场安保人员需要掌握精湛的防控技能，防范、制止和控制不同情况下的暴力侵害行为，从而保障自身安全，高效完成保卫任务。

长期以来，我国机场安保人员一直沿用普通安保岗位的防卫技能，缺乏符合自身职业岗位特点的现代防卫知识和技能体系。由于职业领域、相关法律法规和处置方式的差异，机场安保人员在执勤中可能存在技术掌握不精湛、处置程序不规范、战术运用不合理等问题。针对上述问题，我们编写了本教材，其目的是使机场安保人员能够掌握更加专业的防控技能，促进安全保卫工作的高效开展。本教材在北京政法职业学院原国家级精品课程《安保防卫术》的基础上更新教学理念，突出教学特色，革新教学方法，教材编写着重凸显职业的针对性、技术的先进性、案例的真实性以及学校与行业合作的互通性，具体体现在以下三个方面：

（1）法制化。为最大限度地保障机场安保人员的合法权益，本教材结合与民航安全相关的最新法律法规，体现民航机场安保人员处置暴力违法行为以"法为先"的防控观念，帮助机场安保人员树立规范处置、合理处置的职业习惯，避免出现过度使用武力手段的现象。

（2）职业化。本教材结合现代机场安保工作需求，依据机场相关法律法规和行业规定，总结机场典型暴力突发事件特点，凸显民航安保防控的职业特性和区域特性，形成机场安保人员在执勤中所需的防卫知识和技术体系。

（3）前沿性。本教材采取项目和任务式体例结构，以具体案例为导引，明确机场处置暴力违法行为所需的防控技能和手段，并根据极端暴力事件频发的新形势，系统地增加了最小作战单元新技法。

本教材适用于高等专科院校民航安保防卫类相关课程，也可用作民航安保行业企业及相关单位的培训参考教材。编写团队对本教材的框架体系、结构内容、技术规范进行反复推敲，以确保教材的前沿性、科学性和可操作性，具体分工如下：

何杏娜、张银福（中国人民公安大学）、郭靖、郑茗芥［中国石油大学（北京）］编写项目一：民航安保防卫与控制概述；郭靖、邓晓（北京林业大学）、陈小曦、王体帅编写项目二：应对暴力行为的基本格斗技术；郭靖、翟东波、张泽阳（北京广慧金通教育科技有限公司）、马静（北京第十二中学）编写项目三：应对暴力行为的防卫与控制技术；郭靖、邱洁（北京财贸职业学院）、高启恒（首都体育学院）、王裔静（北京市西城区黄城根小学）编写项目四：应对极端暴力行为的防卫与控制技术。郭靖完成审稿与统稿。

本教材的编写和出版还得到了北京政法职业学院领导的高度重视，学院提供了人力、物力以及资金支持，为教材的顺利编写和出版奠定了坚实的基础。在本教材编写过程中借鉴和参考了众多学者的研究成果，鉴于本教材主要用于理论教学和实操训练，未能一一注明所有引用者的姓名和论著的具体出处，特此说明并致以诚挚的歉意！由于编者水平有限，书中难免出现疏漏，切盼广大读者及专业人士批评指正，以便进一步修改和完善。

编　者

2023 年 2 月

目　录

项目三　应对暴力行为的防卫与控制技术

项目四　应对极端暴力行为的防卫与控制技术

项目一　民航安保防卫与控制概述

学习目标

知识目标：初步了解民航安全保卫与控制的概念；充分认识民航安全保卫工作的重要意义；基本掌握国内民航安全保卫方面的相关法律法规及基本工作原则；基本掌握民航安保防控体系的构成要素。

技能目标：在掌握民航安保相关理论知识的基础上，充分将其灵活地运用到民航安保的实际工作中；能够在不违反民航安保相关法律法规的同时遵循民航安保工作原则处理各种突发事件，全力保卫乘客及自身的生命财产安全。

【案例回放】

案例一：2001 年 9 月 11 日上午，两架被恐怖分子劫持的民航客机分别撞向美国纽约世界贸易中心一号楼和世界贸易中心二号楼，两座建筑在遭到攻击后相继倒塌，世界贸易中心其余 5 座建筑物也受震而坍塌损毁；9 时许，另一架被劫持的客机撞向位于美国华盛顿的美国国防部五角大楼，五角大楼局部结构损坏并坍塌。"9·11"事件是发生在美国本土的最为严重的恐怖攻击行动，遇难者总数高达 2996 人。对于此次事件的财产损失各方统计不一。联合国发表报告称，此次恐怖袭击造成美国经济损失达 2000 亿美元，相当于当年生产总值的 2%。此次事件对全球经济所造成的损害甚至达到 1 万亿美元左右。

（案例来源：光明网，回首震撼全球的"9·11"事件，从自身做起，https://m.gmw.cn/2018–09/11/content_31094413.htm，2018–09–11，有改动）

案例二：2008 年 3 月 7 日，恐怖分子携带经过伪装可致机毁人亡的破坏装置登上从乌鲁木齐飞往北京的 CZ6901 航班，企图制造空难事件。

（案例来源：中华人民共和国中央人民政府网站，新疆的反恐、去极端化斗争与人权保障，http://www.gov.cn/zhengce/2019-03/18/content_5374643.htm，2019-03-18）

案例三：北京时间 6 月 9 日凌晨 4 时左右，巴基斯坦南部城市卡拉奇真纳国际机场遭塔利班武装分子袭击，造成至少 21 人死亡。目前，交火依然在进行中。巴基斯坦总统谢里夫已经指示巴军方赶往增援。

报道说，武装分子进入卡拉奇真纳国际机场航站楼，并与机场安全人员发生交火。在交火中，武装分子使用了冲锋枪并投掷手榴弹。当地官员表示，已经有至少 21 人死亡，包括 10 名武装分子。这次袭击让巴基斯坦的安全局势再次受到全球关注。藏匿于巴北部与阿富汗接壤地区的塔利班组织一直是地区安全的严重威胁。

（案例来源：澎湃新闻网，巴基斯坦卡拉奇机场遭袭至少 21 人死亡，塔利班宣称负责，https://www.thepaper.cn/newsDetail_forward_1249743）

【案例评析】

在民航机场的航空器上，一旦发生恐怖分子劫持民航客机的情况，一旦机组航空安保人员处理不当或不能及时做出有效安保处置，不但对机上人民生命财产安全产生巨大威胁，也会对国家乃至全球经济造成重大损失，甚至对地区安全产生严重威胁。因此，了解民航安保防卫与控制的基本理论，掌握相关法律法规，是民航机场安保人员实施有效安保防控的重要前提。

任务一　民航安保防卫与控制的基本理论

一、民航安保防卫与控制的相关概念

（一）民航安保防卫与控制的概念

"安保"即安全保卫，具有极其广泛的内涵，包含了社会治安秩序的维护和国家安全的保障。"民航安保"即民航安保人员为了防止针对民用航空活动的扰乱行为和非法干扰活动，维护民用航空秩序，保障民用航空安全而开展的安全保卫活动。"防卫与控制"即根据人体关节的活动规律、要害部位的生理机制和薄弱部位的特点，以踢、打、摔、拿、控、带等多种防控技术动作，防御、抗击并制伏暴力行为人的技术。"民航安全保卫与控制"指的是民航安保人员在执勤活动中遇到不法侵害行为时，在法律法规允许的范围内，以个体或者小组为单位，运用徒手或者使用防卫器械，防范、控制暴力违法行为的专项技术，是民航安保人员为及时、有效保护自身及旅客人身、财产安全，维护民用航空秩序的必备职业技能。

（二）民航安保防卫与控制的特征

1. 以法律为准绳的行动原则

我国《保安服务管理条例》第六条明确指出："保安服务活动应当文明、合法，不得损害社会公共利益或者侵犯他人合法权益。保安员依法从事保安服务活动，受法律保护。"安保人员是增强社会治安综合防控水平的有力补充，但安保人员必须在法律框架下合理合法地履行工作职责。安保人员的行为在受到法律保护的同时也受其制约，在实际工作中为应对突发暴力事件而采取的防范和保卫措施和行为都必须符合法律法规的基本要求。因此，安保人员学习、了解和掌握相关法律法规是明确自身权责的基本要求。这样才能在面对突发情况时正确判断是否实施防卫手段，以及具体实施的行为和程度，根据法律要求及安保人员的具体权限合理合法开展民航安全保卫工作。

2. "以防卫为本"的思想定位

民航安全保卫工作在本质上属于社会服务行业，其并不等同于公安机关，不具有主动侦查犯罪行为和抓捕犯罪嫌疑人的权利。因此，民航安保人员要在思想上准确定位自己的工作性质。在工作时间对其所要保护的特定目标履行相应的工作职责是根本要义。当被保护目标人身安全面临或遭受不法侵害时，民航安保人员才有权对特定的对象实施制止行为。当特定的保护目标未受到侵犯，只能对现场的安全进行充分评估，做好防护准备。可以说，民航安保人员实施防卫的权限起点是保护特定目标的安全，如违法人员未实施暴力行为，安保人员就不能凭借主观评价主动出击制伏犯罪嫌疑人。实施主动出击的情况如当发生抢劫、偷盗等事件，在语言警告无效的情况下，为了履行职责而采取强制手段制止违法行为、扭送公安机关。因此，非紧急情况，民航安保人员要谨记"以防卫为本"的思想定位，在执勤中做到"不攻击、不控制"，明确权限、履行职责。

3."防患于未然"的防护理念

民航安保是一个系统的技术体系，安全保卫工作的重中之重，并不是单纯的具备制伏不法分子的格斗技能，而是及时发现和预见问题的能力，以及准确认识和妥善处理问题的能力。唯有善于主动发现和预见问题，才能在工作中将损失和危险降到最小。如在工作时间内，发现有人员携带的器械或工具存在安全隐患，应及时做出处理，消灭可能发生的危险。唯有准确地认识问题才能妥善地处理问题，对可大可小的事情，要秉承"大事化小，小事化了"的理念，不将矛盾或问题放大。总之，民航安保人员在工作时间内除了与不法分子不可避免地发生对抗外，将暴力或其他隐患消除在发生之前或妥善处理，才是其获得的最大胜利。

二、民航安保防卫与控制的意义

（一）保障安保人员自身及旅客安全

民航安保的主要任务是保障民用航空领域的安全。其目标包括被保护的区域、人员以及物品。民航安全无小事，熟练掌握民航安保防卫与控制的技术是安保人员必备的专业技能。在日常生活中，危险降临的征兆往往是无声的，而群众对于预见和解决危险的能力也相对较弱。反观民航安保人员，他们具备长年的民航安保经验以及掌握防卫与控制技能，能够凭借敏锐的观察力和防卫与控制技能规避和处置暴力违法犯罪，确保自身及旅客的安全。

（二）有效完成岗位任务

民航安保的最终目的和意义是顺利完成安保工作任务。如出现手持爆炸物、持凶械劫持人质等违法犯罪行为时，民航安保人员快速、准确的处置方式，可以最大限度地制止一切危害民航机场安全秩序的暴力违法犯罪行为，维护民航机场治安。

民航安保人员熟练掌握防卫与控制技术，可以有效提高处理险情的能力，能够极大地减少民航机场以及人民群众的人身及财产安全的损失。因此，熟练掌握防卫与控制技术，是面对险情时的应变能力的重要基础，直接影响对暴力违法犯罪行为的震慑及处置效果，也是民航安保人员有效完成岗位任务的必要条件。

（三）维护民航治安秩序

民航安保人员不但需要有精湛的防卫与控制技术，还需要有善于发现民航机场相关安全隐患、掌握解除隐患的能力，从而妥善处理民用航空领域的暴力突发事件，维护民航治安秩序的有序运行。

三、民航安保防控技术运用策略与原则

（一）依法施策、遵循程序

民航安保人员在制止暴力行为的过程中无论采取何种技战术形式与手段，都必须以事实为依据、以法律为准绳。如在执勤中发现偷盗，倘若盲目使用武力制止，对偷盗者造成人身伤害等，都是违法行为，需要个人承担法律责任，民航安保工作的职责并不能成为跨越法律红线的挡箭牌。因此，谨遵法律红线和法律程序，做到有法可依，有法必依。首先，民航安保人员在处置事件时谨遵法律红线和法律程序，做到有理有据有力，且对处理事件所发生的意外不承担主要责任和后果。其次，谨遵法律红线和依据法律程序办事是对其他人员的保护，也是对民航安保人员自身的保护。在法律规范的基础上行动可保障民航安保人员的权益；在实战中遵循规范的程序则可保障民航安保人员的人身安全。民航安保人员只有抓住主线，坚持严格遵循法律程序和行动程序，才能够更好地履行职责，圆满地完成任务。

（二）防控为先、力保安全

民航安保人员在执勤过程中要谨遵防卫为主，防卫为先的原则。例如，事件的严重性上升到肢体对抗时，民航安保人员要切记以最小武力原则保障被保护目标乃至犯罪嫌疑人的安全，有效制止即可。杜绝存在以个人情绪宣泄或个人恩怨的主观报复，对第三方实施严重暴力，致人伤残等行为。

（三）随机处变、高效完成

随机处变就是在坚持原则的基础上灵活应变，即有效和妥善地处置事件。在实践当中，要求机场安保人员将全部的危险都防患于未然，超乎于现实的可能，所以在针对不可避免的事件或意外时，民航安保人员妥善地处理问题是将风险和危险降到最低的最后一道屏障，如果此环节民航安保人员不能妥善处置问题，那么面临的将是矛盾的激发，产生无法预计的后果等。因此，妥善处理问题，随机应变，高效完成任务是民航安保人员需要遵循的准则。

四、民航安保防控体系的构成要素

民航安保防控体系是根据我国民航安保工作的性质、特点和需求，建构的从预

见问题、发现问题到妥善解决问题的一体化的培训体系。民航安保防控体系主要由以下六个要素构成。

（一）思想准备

民航安保人员的特殊性决定了其思想意识要具备较强的安全隐患意识。不论人为存在安全隐患或自然存在安全隐患，民航安保人员必须在工作和生活中保持较强的安全隐患防范和处置意识，善于预见危险，发现问题，做到防患于未然。

（二）情绪准备

稳定的情绪是民航安保人员正确处理民航安全事故，实施防卫与控制技战术的重要前提。如果民航安保人员的个人情绪受到影响，则会导致在抓捕过程中思维混乱，提供错误的信号，造成整个行动的失败。同时，助增长暴力行为人气焰，使其肆无忌惮地升级违法暴力行为。因此，在日常的训练中，要有意识地提高民航安保人员冷静处理事务的情绪，加强模拟制伏暴力行为人的实战演练，提高民航安保人员在实战中面对暴力行为人的自信心。

（三）身体准备

身体素质是民航安保人员的基础条件，只有拥有强健的身体素质，才能胜任民航安保这份特殊的工作；唯有锻炼出强健的体魄，才能在实践和实战当中保证自己的安全和他人的安全。具体来说，跑步能力、耐力、速度是首要的；其次，肢体的局部力量和整体力量是必不可少的；最后，对身体灵活性和协调性的控制，也是必要条件。除此之外，身体素质不局限于外在体魄的健康，也包含其自身的健康问题，包括有无隐性的、突发性的疾病等。

（四）防护装备

防护装备主要包括防暴棍、应急棍、钢叉、盾牌、催泪弹等防卫器械，是民航安保人员执勤时依法使用的专门器械，也是保障安保人员自身安全的装备。

（五）技术能力

技术能力主要包括对拳法、腿法、摔法、身法等的掌握，意在通过对徒手格斗技术的训练，掌握实战对抗的心理素质和身体素质，在实战对抗中具备快速的反应意识和防护技巧，以期在实战应用当中可以通过短促有力的击打，制伏不法分子，保障自身及他人的安全。

（六）战术能力

战术能力是指具备协调运用人力和统筹布局或分工的能力，能利用地形等客观条件的优势来展开行动的能力。民航安保人员若能秉承"安全最大化，风险最低化"的理念，充分运用战术的布局优势和分配优势实施行动，处理事务会更加高效。

【案例回放】

2018年1月29日上午，微博网友@CGO爱科学的好少年发文称：刚刚乘坐由上海浦东经停郑州飞往西宁的HO1069航班，飞机起飞后不久，飞过崇明岛附近上空时，客舱后部传来争吵声，后来发现是一名男性旅客情绪异常，宣称其遭人陷害、投毒。客舱广播应其要求在机上寻找医生乘客。后来这名乘客试图朝客舱前部走去，被乘务人员控制后使其回到后排座位坐下，并由两位乘务员看管。据这名乘客所说他来自河南安阳滑县。飞机降落郑州后男子被警方带走。

对此，1月29日，吉祥航空给澎湃新闻（www.thepaper.cn）记者发来《关于1月29日吉祥航空HO1069航班旅客扰乱客舱秩序的情况说明》。说明称：

1月29日，吉祥航空HO1069航班在执行上海浦东至郑州段时，起飞约15分钟后，机上一名男性旅客突然大声呼喊，称其饮用水中被投毒导致身体不适，随后倒地并用脚踢踹乘务员，要求寻找医生。机组人员接报后立即广播寻找医生。乘务长发现该名男子起身并有意向客舱前部驾驶舱方向移动，为防止冲击驾驶舱等危害航空安全的情况发生，机上安全员和乘务员立即将该名男子控制在后舱26排进行全程监控。机组人员按照相应流程对现场情况进行取证保留。在确认航班状况整体可控后，机组决定继续执行航班。上午8点44分该航班在郑州机场安全落地，随后涉事男子被移交公安部门接受进一步调查处理，HO1069后续航段正常执行。

说明表示，本次航班机组冷静应对突发事件，并按照程序处置，对航班的安全运行以及同机旅客未造成威胁。

（案例来源：澎湃新闻，男乘客飞机上大叫水有毒并踢踹空乘，被移交警方，http://news.jstv.com/a/20180129/1517211574322.shtml，2018-01-29）

【案例评析】

在民航的航空器上，该类情况属于突发事件，机组成员除具备良好的应变能力之外，还需要具备自保的防卫与控制技术。这是机组成员在面对突发事件时，能够快速有效地明确行为人的意图，并对此做出是否具备危害客舱公共安全秩序的判断，趁其不备运用防卫与控制技术主动突袭行为人，使其丧失反抗能力，从而占据主动控制的优势，避免客舱人员受到伤害的关键。

任务二　民航安保防卫与控制技术应用相关法律法规

民航安保是一种职业，并非职权，因此在履行工作职责时，民航安保人员始终要以普通公民的身份定位自己，不可逾越权限。但民航安保人员在工作中，享有正当防卫权和紧急避险权以及对正在进行违法犯罪活动的犯罪嫌疑人或者逃犯的抓获扭送权。

一、一般性法律法规

目前，在我国与民航安全相关的法律有《中华人民共和国刑法》（以下简称《刑法》）、《中华人民共和国治安管理处罚法》（以下简称《治安管理处罚法》）、《中华人民共和国民用航空法》（以下简称《民用航空法》）、《中华人民共和国反恐怖主义法》（以下简称《反恐怖主义法》）等，另有《民用航空运输机场航空安全保卫规则》相关法规。

民航安保人员应时刻以相关法律法规为准绳，展开安保、执勤工作。

（一）正当防卫权

我国《刑法》第二十条规定："为了使国家、公共利益、本人或者他人的人身、财产和其他权利免受正在进行的不法侵害，而采取的制止不法侵害的行为，对不法侵害人造成损害的，属于正当防卫，不负刑事责任。……对正在进行行凶、杀人、抢劫、强奸、绑架以及其他严重危及人身安全的暴力犯罪，采取防卫行为，造成不法侵害人伤亡的，不属于防卫过当，不负刑事责任。"简言之，正当防卫权，鼓励人们见义勇为，遇见正在实施不法侵害时或自身遭受不法侵害时，民航安保人员有权利进行正当防卫，且对所造成的意外事件不承担法律责任。虽然正当防卫是《刑法》赋予每个公民的一种合法权利，但行使正当防卫权的时候是有具体条件限制的，并非随心所欲地施暴或反击。行使正当防卫应具备一定的主、客观条件及适用的情况。

1. 主观条件

正当防卫必须是为了保护国家、公共利益、本人或者他人的人身、财产和其他权利避免遭受不法侵害而实施的，即防卫的目的必须有正当性，这是正当防卫成立的首要条件，也是刑法规定正当防卫不负刑事责任的根据。例如，为保护非法利益实施的防卫、互殴、聚众斗殴、械斗等均不属于正当防卫的范围。

2. 客观条件

正当防卫需满足的客观条件包括以下四个方面：

（1）须有不法侵害的发生，即有偷盗、抢劫、伤害等危害社会的行为发生，而且这种危害社会的行为是迫在眉睫的或正在进行并往往带有暴力性、破坏性，不实施正当防卫不足以有效排除或制止的。

（2）必须对正在进行的不法侵害行为实施正当防卫。

（3）必须针对实施不法侵害人实施正当防卫；正当防卫不能明显超过必要限度造成重大损害。

（4）正当防卫明显超过必要限度造成重大损害的，应当负刑事责任，但是应当减轻或免除处罚。

3. 民航安保人员可实施正当防卫的情况

民航安保人员在执勤中遇有下列情况，可以使用警棍、催泪喷射器、防暴枪支等器械、武器实施正当防卫：

（1）犯罪嫌疑人使用暴力劫持人质、机动车辆或者控制交通工具，侵害公共安全时。

（2）犯罪嫌疑人正在实施杀人、抢劫、放火、爆炸，以及其他严重危害公共安全和人身财产安全的行为时。

（3）安保人员守护、押运的特定目标或者对象受到暴力侵害或受到侵袭紧迫危险时。

（4）安保人员遭到暴力侵袭，或者佩戴的执勤用品、装备遭到抢劫或抢夺时。

（二）紧急避险权

我国《刑法》第二十一条规定：为了使国家、公共利益、本人或者他人的人身、财产和其他权利免受正在发生的险情危害，不得已采取的紧急避险行为，造成损害的，不负刑事责任。实际上，紧急避险是用损害一种较小的合法权益来保全另一种较大的合法权益。如果用于损害的合法权益大于被保全的另一种合法权益，即超过了必要限度，则要被追究刑事责任。由此看来，实施紧急避险行为也必须具备一定的条件。这些条件主要包括以下四个：

（1）必须是为了保护合法利益免受危险。合法利益既包括国家利益、集体利益，也包括公民的人身权利和财产权利。

（2）必须是实际存在的正在发生的危险。正在发生的危险是指危险发生的时间不是已经过去，也不是尚未来到，更不是想象猜测，而是直接面临着的危险。

（3）必须是在迫不得已的情况下才能实施紧急避险行为。

（4）紧急避险行为不能超过必要限度，造成不应有的损害。不能超过必要限度是指牺牲较小利益的数量与程度恰好等于或刚好能避免另一部分较大利益损失的发生。

以上四个条件必须同时具备，缺一不可。假想避险、避险不适时、避险不当等均不属于紧急避险，均应负应有的刑事责任。

（三）对现行犯或在逃犯的抓获扭送权

我国《刑事诉讼法》第六十三条赋予了普通公民对现行违法犯罪人员或在犯罪后即时被发觉的、在逃的人犯抓获扭送的权利。作为安保人员，在身体优势以及思想觉悟上，更应该充分利用法律赋予的权利，协助公安机关工作，在条件允许时，应全力为维护社会治安贡献出自己的一份力量。但在实施抓获和扭送权利时，民航安保人员需要准确判断犯罪行为，在保证证据充分的基础上实施抓获和协助行动。现在，不乏很多民航安保人员因为置法律规范不顾，或没有经过认真的观察识别，没有掌握或者保护好犯罪证据，从而误抓好人，给自己的工作带来不必要的麻烦。在行使抓获扭送权时，首先要运用防卫技能将其制伏，抓获扭送时，应尽可能地在有力的组织下进行，听从上级人员指挥，利用绝对优势实施抓获，减少不必要的伤亡与损害。需注意，迅速报警是在实施抓获前或者抓获后的首要任务，在条件允许下，在抓获前迅速报警，现实条件不允许的情况下，可先进行抓获，控制现场之后，迅速报警。

二、民航安保相关法律法规

（一）民航安保国际公约

国际民航公约是国家政府间签订的、规定各自在民用航空领域内的权利和义务的多边条约，是得到多数国家承认的现行国际民航公约。

1.《东京公约》——关于在机场航空器上犯罪的相关条例

第二次世界大战之后，航空器自然成为解决人类出行的重要工具，解决民用航空的国际航空运输业的安全成了国际性问题。随着社会经济的快速发展，社会矛盾也在逐渐增大，而民航的暴力违法犯罪也受到了国际组织的关注与重视。对此，1963 年 9 月 14 日，由国际民航组织召集的外交会议在东京签订了《关于在航空器内犯罪和犯有其他某些行为的公约》，简称《东京公约》，并在 1969 年 12 月 4 日开始生效。而签订《东京公约》的目的，是统一国际飞行中在飞机上发生劫持等非法暴力行为的处理原则。该公约主要是针对劫持事件而制定的首个条款，并且约定公约需要向联合国成员国或某一专门机构的成员国的任何国家开放，听任签字。1978 年 11 月 14 日，我国政府向国际民航组织秘书长交存加入书，申请加入《东京公约》。根据《东京公约》第二十一条的规定，《东京公约》于 1979 年 2 月 12 日对我国开始生效。《东京公约》的内容包含以下四个方面：

（1）明确适用范围。《东京公约》第一章"公约的范围"第一条第一款规定，该公约适用于"（一）违反刑法的罪行；（二）危害或能危害航空器或其所载人员或财产的安全或危害航空器上的良好秩序和纪律的行为，无论是否构成犯罪行为"。可见，凡涉嫌危害或威胁航空器上所有人员良好秩序纪律的行为，皆适用于该公约。第一条第二款规定："除第三章规定者外，本公约适用于在缔约一国登记的航空器内的犯罪或犯有行为的人，无论该航空器是在飞行中，在公海上，或在不属于任何国家领土的其他地区上。"

（2）明确管辖权。《东京公约》第二章"管辖权"第三条规定，"航空器登记国有权对在该航空器内的犯罪和所犯行为行使管辖权"，发生航空器内的犯罪行为，皆属于航空器登记国行使管辖权的范围，而中国警方可根据本国法对其在航空器内的犯罪行为事件行使刑事管辖权。第四条规定，"非登记国的缔约国除下列情况外，不得对飞行中的航空器进行干预以对航空器内的犯罪行使其刑事管辖权"，如该犯罪行为在该国领土上发生后果；犯人或受害人为该国国民或在该国有永久居所；该犯罪行为危及该国的安全；该犯罪行为违反该国现行的有关航空器飞行或驾驶的规定或规则；该国必须行使管辖权，以确保该国根据某项多边国际协定，遵守其所承担的义务。

（3）明确机长的权力。《东京公约》第三章"机长的权力"第六条规定：机长在有理由认为某人在航空器上已犯或行将犯第一条第一款所指的罪行或行为时，可对此人采取合理的措施，包括必要的管束措施，以便：保证航空器、所载人员或财产的安全；维持机上的良好秩序和纪律；根据本章的规定将此人交付主管当局或使他离开航空器。

（4）明确了非法劫持航空器的措施和处置。《东京公约》第四章"非法劫持航空器"第十一条规定："如航空器内某人非法地用暴力或暴力威胁对飞行中的航空器进行了干扰、劫持或非法控制，或行将犯此类行为时，缔约国应采取一切适当措施，恢复或维护合法机长对航空器的控制。"本条是自民用航空活动以来，第一次在国际公约中表述劫持航空器的行为，并提供了以国际合作的方式进行处置的规定。

2.《海牙公约》——关于劫机犯罪的相关规定

在《东京公约》签订后不久，全球劫机事件频频发生。例如，1969年全球劫机事件高达91起。鉴于此，国际民航组织法律委员会于1969年成立了一个专门法律小组，开始研究起草专门应对劫机犯罪的国际公约。1970年12月1日，共有77个国家参加的航空法国际会议在海牙开幕，会议通过了《关于制止非法劫持航空器的公约》，简称《海牙公约》，于1971年10月14日生效。1980年9月10日，我国申请加入了《海牙公约》。

《海牙公约》主要从三个方面对反劫机措施做了法律规范：一是明确将非法劫持和控制民用航空器的行为规定为违反国际公约的严重犯罪行为；二是明确规定了国际管辖与缔约国管辖的权利与义务；三是提出了严惩劫机犯罪的措施，创造了新的适用范围。

3.《蒙特利尔公约》——关于航空犯罪的相关规定

《蒙特利尔公约》增加了多种航空犯罪的规定。1970年2月，国际民航组织法律委员会召开第十七次会议讨论修改《海牙公约》草案。同年2月21日，一天内连续发生两起在民用航班上放置爆炸装置，造成两架飞机在空中爆炸的严重事件。这段时期武装袭击等待起飞的客机、爆炸现场、损毁使用中民航设施等事件也不断发生。这些新的危害民用航空安全的非法干扰行为，同样对航空器及相关人员的安全造成巨大的危害，引起国际社会的普遍关注。1971年9月8日，国际民航组织在蒙特利尔召开会议，有61个国家和7个国际组织派人参加了会议，审议了《破坏航空运输犯罪的公约》草案。1971年9月23日，《关于制止危害民用航空安全的非法行为的公约》，简称《蒙特利尔公约》正式通过。制定这一公约的主要目的就是要进一步完善国际民用航空安全保卫的法律体系，为各国严厉打击地面发生的炸毁民用航空器、破坏重要航空设施、严重危及民用航空安全的行为提供依据和保障，进一步完善了处置危及民用航空安全的犯罪的法律体系。

《蒙特利尔公约》列举了劫持民用航空器之外的危害民用航空安全的行为，具体包括：

（1）对飞行中的航空器内的人员实施暴力，足以危及航行安全的行为。

（2）破坏使用中的航空器，或者对该航空器造成损坏，使其无法飞行或足以危及航行安全的行为。

（3）不论采用何种方式，在使用中的航空器内放置或者唆使他人放置一种物质或装置，该物质或装置具有破坏该航空器，或者对该航空器造成损坏，使其不能飞行或危及飞行安全的行为。

（4）破坏或损坏航行设备或扰乱其正常工作，足以危及航空器安全的行为。

（5）传送明知是虚假的情报，危及飞行中的航空器的安全的行为。

1988年2月24日，针对民航频频发生爆炸、破坏活动，国际民航组织在蒙特利尔签订了《制止在用于国际民用航空的机场发生的非法暴力行为以补充1971年9月23日订于蒙特利尔的制止危害民用航空安全的非法行为的公约的议定书》，即《蒙特利尔议定书》。

随后，《蒙特利尔公约》及《蒙特利尔议定书》规定的犯罪种类成了公认的国际犯罪，各国也纷纷将其纳入本国的立法。

4.《北京公约》及《北京议定书》对航空犯罪的相关规定

《东京公约》、《海牙公约》、《蒙特利尔公约》这三大航空安保公约对于维护国际民航运输的安全和秩序发挥了极其重要的作用。然而，这些公约制定的时代已经久远，民航面临的威胁也逐渐增多，在新形势下原有的公约体系已显露不足，如除公约规定的犯罪种类外，在近几十年的发展中又出现了大量的新型破坏手段。因此，2010年9月10日，在国际民航组织（ICAO）的倡导下，在中国北京举行的航空安保外交会议对《海牙公约》和《蒙特利尔公约》进行了修订，并通过了《制止与国际民用航空有关的非法行为的公约》（即《北京公约》）和《制止非法劫持航空器公约的补充议定书》（即《北京议定书》）。

《北京公约》及《北京议定书》主要进行了以下五个方面的修订：一是增加了新型的航空威胁种类；二是将"法人"新增为航空犯罪的主体；三是明确了共同犯罪的形态；四是新增了一项强制性管辖理由和两项任选性管辖理由；五是直接规定了公约规定的航空犯罪不属于政治犯。

以上国际公约对防止在航空器内发生一般违法行为、空中劫持、危害民用航空安全的非法行为，将航空器作为袭击工具的新型恐怖威胁，使用民用航空器非法传播生物、化学和核物质，以及使用生物、化学和核物质对民用航空器进行攻击做了明文规定。这些都是航空安全员应当熟悉和了解的国际民航安保公约。

（二）民航安保通用法律法规

在我国与民航安全相关的法律有《中华人民共和国刑法》、《中华人民共和国治安管理处罚法》、《中华人民共和国民用航空法》、《中华人民共和国反恐怖主义法》等。

1. 适用民航安保犯罪的《刑法》主要条文释义

我国《刑法》第六条"属地管辖权"规定："凡在中华人民共和国领域内犯罪的，除法律有特别规定的以外，都适用本法。凡在中华人民共和国船舶或者航空器内犯罪的，也适用本法。犯罪的行为或者结果有一项发生在中华人民共和国领域内的，就认为是在中华人民共和国领域内犯罪。"

本条规定的是行使管辖权的"属地管辖原则"，即以我国的领域为标准，凡是在我国领域内犯罪，除了有特别规定以外，都适用我国《刑法》。国家领域，是指我国国境以内的全部区域，具体包括：①领陆，即国境线以内的领地，包括地下层；②领水，即内陆的水域和领海地域及其以下的水底地层；③领空，即领陆和领水之上的空间。此外，本条依照国际惯例还规定具有我国国籍的船舶或航空器是我国领域的一部分。在这些船舶或航空器运行或停泊的任何地点犯罪的，同样适用本法。这也就是说，如果在航空器登机时、登机中、登记后犯罪，有一项发生在我国领域内或者是在我国注册的航空器内，都适用本法。

2. 适用民航安保违法行为的《治安管理处罚法》主要条文释义

我国《治安管理处罚法》第二条规定："扰乱公共秩序，妨害公共安全，侵犯人身权利、财产权利，妨害社会管理，具有社会危害性，依照《中华人民共和国刑法》的规定构成犯罪的，依法追究刑事责任；尚不够刑事处罚的，由公安机关依照本法给予治安管理处罚。"

我国《治安管理处罚法》适用于以下两种情况：第一种，发生在我国领域之内。主要包括：（1）当航空器在国内机场尚未起飞时，机上发生了违反治安管理的行为；（2）航空器进入飞行状态，还未离开我国航空领域或者进入了我国领空的。第二种，发生在我国的航空器内。《治安管理处罚法》第二十三条规定："扰乱车站、港口、码头、机场、商场、公园、展览馆或者其他公共场所秩序的，处警告或者二百元以下罚款；情节较重的，处五日以上十日以下拘留，可以并处五百元以下罚款。"

本条是《治安管理处罚法》针对民航安保的违法行为专门设定的条款。此类行为在主观方面表现为直接故意，主体为一般主体，侵犯的客体是机场安全秩序。

以上相关法条说明，在我国民航机场违反《刑法》和《治安管理处罚法》的均属于处置的行为。

3. 适用犯罪的《民用航空法》主要条文释义

我国《民用航空法》第一百九十一条至第一百九十九条，分别规定了劫持民用航空器，对机上人员使用暴力，隐匿携带危险品、限制品上机，违规运输危险品，在使用中的航空器上放置危险品，故意传递虚假情报，破坏航行设备，聚众扰乱机场秩序，航空人员玩忽职守这九种犯罪行为。此外，该法第一百九十八条还明确规定了"聚众扰乱机场秩序"依照刑法有关规定追究刑事责任。实施上述行为的人应受到《刑法》的惩罚。这些行为囊括了《海牙公约》、《蒙特利尔公约》列举的六大类国际航空犯罪行为以及其他常见的航空犯罪。我国《民用航空法》以国家立法的形式对上述各种犯罪进行了确认。

4. 适用民航安保犯罪的《反恐怖主义法》主要条文释义

我国《反恐怖主义法》第十一条规定："对在中华人民共和国领域外对中华人民共和国国家、公民或者机构实施的恐怖活动犯罪，或者实施的中华人民共和国缔结、参加的国际条约所规定的恐怖活动犯罪，中华人民共和国行使刑事管辖权，依法追究刑事责任。"该法第六十二条规定："人民警察、人民武装警察以及其他依法配备、携带武器的应对处置人员，对在现场持枪支、刀具等凶器或者使用其他危险方法，正在或者准备实施暴力行为的人员，经警告无效的，可以使用武器；紧急情况下或者警告后可能导致更为严重危害后果的，可以直接使用武器。"该条规定说明，民航安保人员在维持机场治安秩序时遇到紧急情况下，可以依法使用执勤器械制止违法行为。

（三）民航安保专项法律法规

1. 适用民航安保的主要法规条文

我国与民航安保有关的主要法规有《民用航空运输机场航空安全保卫规则》。该规则总则部分内容如下：

第一条　为了规范民用航空运输机场航空安全保卫（以下简称航空安保）工作，保证旅客、工作人员、公众和机场设施设备的安全，根据《中华人民共和国民用航空安全保卫条例》，制定本规则。

第二条　本规则适用于中华人民共和国境内民用航空运输机场（含军民合用机场民用部分，以下简称机场）的安全保卫工作，与机场安全保卫活动有关的单位和个人应当遵守本规则。

第三条　中国民用航空局（以下简称民航局）对机场航空安保工作实行监督管理。主要职责包括：

（一）督促和指导机场实施《国家民用航空安全保卫规划》，建立和运行航空安保管理体系；

（二）督促和指导机场及其他民用航空有关单位的航空安保方案符合航空安保法规标准；

（三）确定并划分机场及航空安保部门的职责，确定和建立不同单位之间协调的方法和渠道；

（四）督促机场管理机构为其航空安保部门提供必需的资源保障，包括人员、经费、办公场地及设施设备等；

（五）指导、检查机场基础设施与建筑的设计及建设符合航空安保法规标准；

（六）指导机场制定航空安保培训计划，并监督执行；

（七）对机场以及其他相关单位的航空安保工作运行的有效性进行指导、检查、监督；

（八）收集、核实、分析潜在威胁和已发生事件的信息，负责对航空安全进行威胁评估，并指导、部署分级防范工作；

（九）开发和推广使用先进的管理和技术措施，促进机场及其航空安保部门采用这些措施；

（十）按规定组织或参与调查处理涉及机场的航空安保事件及其他重大事故。

第四条　民航地区管理局负责航空安保法规标准在本地区机场的贯彻执行，对违法、违规行为进行查处。主要职责包括：

（一）对辖区内的机场执行航空安保法规标准的情况实施监督检查；

（二）按规定审查机场及其他民用航空有关单位的航空安保方案，并监督实施和督促及时修订；

（三）审查辖区内机场预防和处置劫机、爆炸或其他严重非法干扰事件的预案，对落实情况进行监督检查；

（四）按规定组织或参与调查处理辖区内涉及机场的航空安保事件及其他重大事故；

（五）指导、检查和监督辖区内民用航空安全检查工作；

（六）检查、监督机场安保设施、设备的符合性和有效性；

（七）指导机场按照《国家民用航空安全保卫质量控制计划》制定安保质量控制方案；

（八）指导机场按照《国家民用航空安全保卫培训方案》制定安保培训方案。

第五条　机场管理机构对机场航空安保工作承担直接责任，负责实施有关航空安保法规标准。其主要职责包括：

（一）制定和适时修订机场航空安保方案，并确保方案的适当和有效；

（二）配备与机场旅客吞吐量相适应的航空安保人员和设施设备，并按照标准提供工作和办公场地，使之能够具体承担并完成相应的航空安保工作；

（三）执行安检设备管理有关规定，确保安检设备的效能和质量；

（四）将航空安保需求纳入机场新建、改建和扩建的设计和建设中；

（五）按照《国家民用航空安全保卫培训方案》对员工进行培训；

（六）制定、维护和执行本机场航空安保质量控制方案；

（七）按规定及时上报非法干扰信息和事件；

（八）机场管理机构应当承担的其他职责。

第六条　旅客以及其他进入机场的人员，应当遵守有关航空安保规定。

2. 适用民航非法干扰行为的主要法规条文

我国《民用航空运输机场航空安全保卫规则》的第八章附则部分明确规定了非法干扰行为，主要内容如下。

非法干扰行为，是指危害民用航空安全的行为或未遂行为，包括但不限于：

（1）非法劫持航空器；

（2）毁坏使用中的航空器；

（3）在航空器上或机场内扣留人质；

（4）强行闯入航空器、机场或航空设施场所；

（5）为犯罪目的而将武器或危险装置、材料带入航空器或机场；

（6）利用使用中的航空器造成死亡、严重人身伤害，或对财产或环境的严重破坏；

（7）散播危害飞行中或地面上的航空器、机场或民航设施场所内的旅客、机组、地面人员或大众安全的虚假信息。

【思考题】

1.民航安全防卫与控制的概念。

2.民航安全防卫与控制的意义。

3.实施民航安保防控技术有哪几方面的原则？

4.民航安保人员在防卫过程中可以行使的法律权利有哪几种？

5.行使正当防卫权应具备什么条件？

6.民航安保相关法律法规有哪些？

项目二　应对暴力行为的基本格斗技术

学习目标

知识目标：在认知上内化格斗技术动作的技击原理；掌握基本格斗技术的训练方法。

技能目标：熟练掌握基本拳法、腿法、摔法、防守技术并能够在实战对抗中得到应用。

【案例回放】

广东新闻网广州6月4日电："你已进入机场警戒区，请立即离开。"这是机场控制区自动报警系统对正在攀爬机场围界的一名青年男子发出的严厉警示声。

6月3日17：40时左右，广州白云国际机场控制区监控中心发现：在机场控制区东南面警界区，一名年二十多岁，身材魁梧、身手敏捷的男子企图翻越机场防护围栏进入控制区，当其爬上围栏时，受触动的报警器对其发出了严厉的警示声，其慌张地往四周张望，见没人，继续往上爬，却被锋利的钢刺网挡住去路，被钢刺网刺伤的男子重重地摔在地上，并从其腰间掉下一把刀具。恼羞成怒的男子爬起来，拼命用脚踢围栏，受"侵犯"的警网不甘示弱，不停地向其发出严厉的警告。可能该男子心虚，最后拿起地上的背包逃之天天。

整个过程前后不到3分钟。18：20时左右，该男子在机场东围界外再度出现，好像在寻找时机再次"行动"。由于分析该男子可能携带"武器"，有冲击机场的行为，极有可能再次闯控制区，为防止该男子进入控制区进行破坏活动或登上飞机。机场有关安全部门将其列为"危险人物"，并做好了布控措施，但直至次日清晨，彻夜守候在机场围界的布控人员再没发现该男子的身影。该男子身份、闯入动机未明。

据了解，今年至今白云机场安检部门共查获攀爬围界企图进入机场控制区的无证无关人员4起。众所周知，如果被无证无关人员进入机场控制区进行破坏活动或登上飞机后果不堪设想，前年昆明机场的"11·11"少年坠机事件和去年敦煌机场"5·25"少年坠机事件就是一次血的教训。可见，机场安防工作任重道远。

（案例来源：广东新闻网，一持械神秘男子冲击广州白云国际机场警戒网，http://news.carnoc.com/list/69/69833.html，有改动）

【案例评析】

该案例中，机场有关安全部门有两点做得很好：一是安全意识充足。机场控制区监控中心在明确了行为人意图后迅速发出压严厉的警示声，震慑了行为人心理。

二是有效布控，避免恶化。在发觉行为人持有凶器，并可能会造成机场乘客的人身安全时，机场有关安全部门第一时间做出了布控措施，彻夜增加布控安保人员以及执勤器械，以确保机场内部人员的安全。

任务一　应对暴力行为的基本技术

民航安保格斗技术主要是建立在散打运动项目的基础上，以"踢、打、摔、拿"为主要攻击手段，具有全面性和对抗性的特点。熟练掌握徒手格斗技术，是制止暴力违法犯罪行为的需要，也是减少民航安保人员遭受暴力袭击、有效保护自身安全的需要。

一、戒备姿势

（一）搭手戒备

动作要领：两脚呈左右开步站立，与肩同宽或略宽于肩，身体朝向正前方；两手叠放于腹前，右手在里紧贴小腹，左手轻握右手腕，两手腕微上抬；目视前方，神态自然，保持戒备状态，做到外松内紧。（图2-1-1）

图 2-1-1

应用：常在民航巡逻执勤时使用，一般用于对现场危险评估后采取的较轻级别的戒备姿势。根据防卫与控制技能实战应用中的武力升级原则，当行为人语言抗拒民航安保人员工作时，可对其使用搭手戒备姿势。

（二）提手戒备

1. 单手提手戒备

动作要领：两脚呈前后开步站立（左脚前、右脚后），与肩同宽或略宽于肩，两脚呈斜前方30°~45°，前脚脚尖与后脚脚跟前后画线约在一条直线上，两腿微屈，重心保持在两腿中间；双手成掌，左手自然上举，屈臂沉肘，掌心向前，指尖介于鼻梁、下颌处；右手屈臂放于小腹前，目视前方，保持警戒与防护状态。（图 2-1-2）

图 2-1-2

2. 双手提手戒备

动作要领：两脚呈前后开步站立，在单手提手戒备姿势的基础上；双臂自然上举，屈臂沉肘，双手成掌，掌心朝前；左手与鼻梁、下颌处同高，左臂夹角45°~90°；右手放于下颚或胸部前侧，右臂夹角 30°~45°；目视前方，保持警戒和防护状态。（图 2-1-3）

图 2-1-3

应用：按照防卫与控制技能在实战应用中的武力升级原则，当行为人在机场大厅、内部、狭长隧道中出现扰乱机场治安秩序，消极抵抗民航安保人员的正常工作时需要使用提手戒备姿势，以防止行为人殴打、伤害他人的行为出现。

（三）格斗戒备

格斗戒备是进入对抗前的准备姿势，它可有多种表现形式，在此我们仅把带有普遍意义的基本格斗姿势作为标准的教学范例来讲解。保持基本格斗姿势具体有以下作用：

一是便于攻防一体化。首先，在实战中，保持基本格斗姿势便于进攻行为人的头部和躯干。其次，基本格斗姿势是对自身要害的有效保护，前手拳便于格挡行为人进攻面门和头部，后手拳便于反击。

二是便于快速移动。实战中，格斗姿势的重心不宜过低，击敌范围不宜过大，重心应以人体中轴线为基准，左右轻微移动，两脚前后开立，身体始终处于待发状态，方便做出垫步、滑步、疾步等，以保障身体的瞬间移动，从而达到有效防守和反击。

动作要领：以行为人正面为参照物，侧身站立，两脚与肩同宽或略宽于肩，前、后脚呈45°；屈膝含胸，收下颌，重心在两腿之间；双臂自然上举，屈臂沉肘，双手呈半握拳；右拳贴于下颌部，右臂贴紧肋部，左拳略低，握拳高度约与口鼻持平，左臂夹角大于45°小于90°；目视前方，全身自然放松，呈弹性状态。（图2-1-4~图2-1-5）

图2-1-4　　　　　　　　图2-1-5

动作要求：

（1）两脚前后开立，注意前后脚左右间隔约10厘米，以增加稳定性；膝关节保持微屈，呈蓄力状态，便于随时蹬地发力。

（2）重心尽量保持中正，重心在前脚，便于后手重拳和后腿的重腿反击。

（3）肘关节略垂，下颌微收，眼睛目视前方。

二、躲避攻击的步法

步法是实战中需掌握的非常基本的技术。在动态的实战环境中，无论对峙、进攻或防守，都时刻需要通过步法的移动来调节自己与对手之间的最佳位置，调整最佳防御和反击的脚下姿势。步法运用的总体要求是"快、灵、变"。"快"是指步法移动要果断迅速；"灵"是指步法移动要轻灵、有弹性、不僵滞；"变"是指步法在运动中要随机应变，转换自如。躲避攻击主要有前滑步、后滑步和侧滑步三种步法。

（一）前滑步

动作要领：实战姿势站立，后脚蹬地推动前脚，前脚向正前方贴地面滑行半步，后脚随即跟步，恢复实战姿势状态。

注意：保持重心稳定，前上步与后跟步距离基本一致。（图2-1-6~图2-1-7）

（二）后滑步

动作要领：实战姿势站立，前脚蹬地带动后脚，后脚向正后方贴地面滑步，前脚随即后撤呈实战姿势状态。注意：保持重心稳定，后脚撤步与前脚向后跟步距离基本一致。（图2-1-8～图2-1-9）

图2-1-6　　　　图2-1-7　　　　图2-1-8　　　　图2-1-9

（三）侧滑步

动作要领：实战姿势站立，左脚向左侧滑行半步，右脚随即向左跟进半步，恢复实战姿势，称为左侧滑步。（图2-1-10～图2-1-11）右脚向右滑行半步，左脚随即向右跟进半步，使之恢复实战姿势，称为右侧滑步。（图2-1-12～图2-1-13）

图2-1-10　　　　图2-1-11　　　　图2-1-12　　　　图2-1-13

动作要领：

（1）在步法移动中身体各部位要相对固定，紧而不僵，重心保持平稳，避免出现前俯后仰；

（2）移动时滑步要求快速稳定；

（3）向后、左、右的滑步，在多数情况下，移动时前脚滑步，后脚跟步；

（4）前后脚的移动距离应与启动时候大致相同，保持稳定性。

【技能训练】

（一）信号练习

学员可在实训场馆或空地呈体操队形散开进行练习，教师给出三种戒备姿势的口令或图片信号，学员在教师的快速指令下迅速做出正确的戒备姿势，从而有效地锻炼学员的反应意识和快速戒备能力。

（二）双人配合练习

学员可在实训场馆或空地上两人一组进行练习，一名学员为操作手，另一人为配手。操作手以查验配手的身份证明为背景，与配手保持相应的距离，并根据配手的言行举止，快速反应做出相对应的戒备姿势，并保持相对安全的距离。

【案例回放】

11月5日下午，因迟到被拒绝登机，旅客法某在上海浦东机场上演全武行，被机场公安刑事拘留。

当天下午，法某带着母亲到浦东机场，准备搭乘吉祥航空HO1261航班回哈尔滨，航班起飞时间是14时50分。法某在办好登机牌后，由于个人原因，没能及时找到指定登机口。根据吉祥航空公司规定，航班应该在起飞前15分钟登机完毕并关闭客舱。14时35分，航空公司在多次广播通知法某及其母亲登机未果后，按时关闭客舱，并通报相关部门将法某托运的行李从飞机行李舱中取出。几分钟后，当法某与母亲赶到登机口，获知已停止登机消息后，情绪立即激动起来。他不仅当场对航空公司工作人员破口大骂，还操起登机口用于旅客指示的分舱牌用力砸向地面。在2号航站楼吉祥航空办票柜台取回托运行李时，法某仍情绪激动，高声叫骂。当机场候机楼的民警到场调解时，法某不仅不听劝告，甚至从工作人员手中夺过已被自己砸坏的分舱牌，再次砸在柜台上。正在进行调解的民警严正告知法某，其行为已违反《治安管理处罚法》，要依法口头传唤其至公安机关接受调查。

此时，法某的母亲着急得晕倒在地。见状，民警和法某立即扶住老人、掐人中、拍打施救，不一会儿老人醒了过来。未料，就在民警准备站起来时，法某突然一把抓住民警的衣服前襟，对其左侧脸部连击两拳，造成民警轻型闭合性颅脑损伤、颈部软组织损伤。增援民警到场将法某制伏后，传唤其至派出所作进一步调查。法某因涉嫌妨害公务罪已被机场公安刑事拘留。

（案例来源：新浪网，浦东机场误机乘客打伤民警被刑事拘留，sky.news.sina.

com.cn/2013-11-08/161545506.html)

【案例评析】

当在民航机场大厅内遇到上述案例中的行为人暴力扰乱机场安全秩序时，且不顾民航机场法律规定，执意对机场工作人员作出暴力违法行为，甚至威胁到机场工作人员的人身安全以及机场的财产安全。为了确保民航机场大厅内部绝对的安全秩序，可在机场特定区域设立民航机场的安保人员，该人员除具备防卫与控制技能的基础外，还需要拥有敏锐的观察力，在暴力违法事件发生前，在最短时间内，合情、合理、合法地制止行为人的一切违法活动，将其控制并疏散人群，减少聚集。

任务二　应对拳法攻击的基本技术

一、应对拳法正向攻击的防卫

（一）直拳的基本技术

直拳是格斗技法中的重要拳法之一，属直线型进攻拳法。它具有预兆小、动作突然、力量大的特点，是进攻性很强的拳法。

1. 左直拳

左直拳也叫前手直拳，它速度快、变化多但杀伤力相对较小。左直拳在实战中的技术应用如下：主要应用于防守和格挡，来阻挡行为人的进攻和破坏行为人的进攻；前手直拳与后手直拳和勾拳、摆拳形成连贯的组合打击，也会用于实战距离试探，以保持安全距离和有效进攻距离，故用于试探性的进攻居多。

动作要领：实战姿势站立，右脚蹬前脚撑，拧腰转髋，身体略向右转，左肩前移；同时上臂催前臂，拳内旋，向两眼正前方快速击打出去，力达拳面；身体左转，沉肘，实战姿势还原。（图 2-2-1 ~图 2-2-2）

图 2-2-1　　　　　　　图 2-2-2

动作要点：

（1）出拳时要直接快速向前出击。

（2）出拳时要以肩催臂动，力达拳面。

（3）出拳时旋臂压肘，纵向直线出拳。

（4）出前手拳的同时，后手保持稳定。

（5）出拳及收拳时要迅速。

（6）无论出击哪一种拳法，另一侧必须呈防守状态，即：拳，贴紧下颌；臂，贴紧软肋，做到攻中有防。要保持此良好的攻防格斗意识和格斗习惯。

2. 右直拳

右直拳具有出拳快、力量大、隐蔽性强的特点，但准确性和命中率相对较差。在实战应用中，后手直拳多用于组合拳的配合击打。

动作要领：实战姿势站立，后脚蹬地并以脚前掌为轴向内扣转；随之合髋转腰压肩向左转动；同时上臂催前臂，拳内旋，向正前方直线出拳，力达拳面，目视前方；身体右转，沉肘，动作还原。注意：出拳同时前手拳收回至下颌，肘部自然弯曲贴于肋部。（图 2-2-3 ~ 图 2-2-6）

图 2-2-3　　　　图 2-2-4　　　　图 2-2-5　　　　图 2-2-6

动作要点：

（1）后手直拳完成时，从正面看，向内转扣的后大腿应垂直于地面，这样蹬地才能产生最大的反作用力而传递至拳面。

（2）从侧面看，两腿之间应与身体中心线形成一定角度。

（3）出拳时要避免耸肩和下蹲的现象，出拳时肩自然垂体向下，瞬时蹬地、转腰、带臂，眼睛目视目标，拳面直击目标。

（二）直拳的防守技术

1. 拍挡防守法

动作要领：当行为人以左直拳进攻我方民航安保人员面部时，我方人员右手随即前迎；当行为人以右直拳进攻我方人员面部时，我方人员左手随即前迎；同时以掌根为力点，横向拍击对方手腕的外侧，使其改变发力方向。另外，在拍击时，要注意手腕的抖腕动作，它包含着砍中带拨的动作。（图2-2-7）

图2-2-7

2. 拍压防守法

动作要领：当行为人以直拳攻击我方民航安保人员腹部时，我方人员随即收腹，同时前手用力拍压对方手腕部。注意在拍压时，手腕有一个压中带拨的动作，改变对方发力方向。（图2-2-8~图2-2-9）

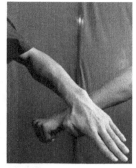

图 2-2-8 　　　　　图 2-2-9

3. 躲闪型防守法

动作要领：当行为人以直拳进攻我方民航安保人员面部时，我方人员身体迅速后移，同时上体略后仰，收下颌，避开对方的进攻，即后闪。（图 2-2-10）

当行为人进攻我方民航安保人员头部时，我方人员做出相应判断，左脚迅速向左前方移动半步，同时身体也伴随着步法的移动向左或向右转动，双膝略弯曲，使进攻的拳法刚好从耳边擦过，即左侧闪和右侧闪。（图 2-2-11）

当行为人将要攻击到我方民航安保人员头部时，我方人员双腿及时下蹲，两手放于下颌部，使进攻的拳法从头顶越过，以此来化解对方的进攻，即下闪。（图 2-2-12）

图 2-2-10 　　　　　图 2-2-11 　　　　　图 2-2-12

（三）直拳的防守反击技术

反击技术是一种复合技术，它由防守技术和进攻技术组合而成。反击技术的运用需要敏锐地观察和预判对方的进攻趋势，以及迅速调整自己的进攻方位和趋势，除了对格斗技术的熟练掌握，还需善于把握防守反击的时机和节奏，并且伴有较强的进攻意识。直拳基本拍挡反击技术包括如下四种。

1. 拍挡防守反击法

右手拍挡防守，左手摆拳反击。（图 2-2-13 ～图 2-2-14）

图 2-2-13　　　　　　　　图 2-2-14

2. 拍压防守反击法

左手拍压防守，右手直拳进攻。（图 2-2-15 ～图 2-2-16）

图 2-2-15　　　　　　　　图 2-2-16

3. 侧闪防守反击法

右侧闪防守，左摆拳进攻。（图 2-2-17）

防守反击有两种状况，一种是先防守，再反击；另一种是躲闪的同时反击，即："躲闪"和"反击"同步进行。

图 2-2-17

4. 后闪防守反击法

后闪防守，右手直拳进攻。（图 2-2-18 ~ 图 2-2-19）

图 2-2-18   图 2-2-19

格斗中所谓的距离感，就是对双方相互间所保持空间大小的判断能力。在实战中，距离又划分为有效距离和无效距离。有效距离是指双方在对峙当中，可直接出拳或出腿有效击打对方的距离。无效距离是指双方在对峙过程中，无法直接出拳或出腿击打对方的距离。民航安保工作人员在应对险情时要提前做好安全距离和有效进攻距离的估测，武力对峙时应时刻注意保持安全距离。要认识到，进攻时，距离过大，往往打不到对方；距离过小，击打动作受阻，力量常发不出来；只有最佳距离才能达到最佳效果。在防守反击时，撤得太远就会丧失反击的机会，后撤距离不够就会被对方击中，只有距离适中方能很好地反击。由此可见，距离把握的好坏，会直接影响我方的进攻和反击的效果。距离感需要通过实战练习来磨炼，这就要求习练者要通过实战训练或模拟实战训练来增强对距离感的把握。

格斗中所谓的时机是指在实战应用中抢占最有利的时间差，实现最为适宜的进攻或防守。它有三种形式：第一种是主动进攻时的时机，称为"抢时机"，它是"抢"在对方注意力不集中或防守出现漏洞而突然发起的进攻；第二种是防守时的时机，称为"等时机"，它是在"等待"，等待对方进攻，然后快速做出正确的防守；第三种是反击时的时机，称为"抓时机"，也叫打时间差，它集中表现在当行为人进攻后尚未转入防守时或当对手将要进攻且尚未进攻时，后者也叫阻击。

二、应对拳法侧向攻击的防卫

（一）摆拳的基本技术

摆拳是弧线进攻拳法，分为左、右摆拳两种，在交替连续击打组合中使用率较高。摆拳由于摆动幅度大，所以击打力量很大，但也因幅度大和运行路线长，使得动作的隐蔽性较差。

1. 左摆拳

左摆拳又称前手摆拳，它力量大，变线突然，在进攻当中往往使对方猝不及防，起到突袭的效果。

动作要领：实战姿势站立，左脚蹬右脚撑，同时前臂外摆出拳，拳眼向内，臂微屈；拧腰转髋，身体右旋同时前臂向前、向内，眼前划弧，拳内旋，横向击打，力达拳面；身体左转，沉肘，动作还原。（图 2-2-20 ~ 图 2-2-23）

图 2-2-20 　　　 图 2-2-21 　　　 图 2-2-22 　　　 图 2-2-23

动作要求：

（1）摆拳空击时的到位标准以自己的鼻子为中线。

（2）在做摆拳动作时要防止拳往回引拉，靠手臂的蓄力来发力。

（3）出拳时注意手臂角度，肘关节与拳形成固定夹角，以腰带臂来击打对方。

2. 右摆拳

右摆拳是一种杀伤力很强的拳法，但出拳速度相对较慢。在实战应用中，右摆拳多用于近距离终结，当近距离后手直拳击打距离不足时，右摆拳可利用肘关节调整大臂与小臂的夹角大小，把握击打距离，做到可控性地侧面击打对方。

动作要领：实战姿势站立，左脚撑右脚蹬转，同时，前臂外摆于右眼外斜角45°处，拳眼向内，臂微屈；拧腰转髋，身体左旋同时前臂向前、向内，眼前划弧，拳内旋，横向击打，力达拳面；身体右转，沉肘。（图2-2-24～图2-2-27）

图2-2-24　　　　图2-2-25　　　　图2-2-26　　　　图2-2-27

动作要求：

（1）摆拳上臂与前臂的夹角应根据击打距离来调整确定。

（2）以旋腰发力带动手臂发力，力达拳面。

（二）摆拳的防守技术

1. 格挡防守法

动作要领：当行为人以左摆拳或右摆拳攻击我方民航安保人员头部时，我方人员左脚上前迈半步，同时含胸、右臂或左臂收紧，由下上挂，贴紧于头部外侧，用臂的外侧和拳背保护头部。（图2-2-28～图2-2-29）

图 2-2-28　　　　　　　　图 2-2-29

2. 摇闪防守法

动作要领：当行为人以左摆拳或右摆拳攻击我方民航安保人员头部时，我方人员左脚向前迈半步，同时身体向左或向右前移、稍下蹲，双臂回收于头部两侧，动作不停，身体向反方向摇动，自里向外，避闪对方的进攻。（图 2-2-30 ~ 图 2-2-31）

图 2-2-30　　　　　　　　图 2-2-31

（三）摆拳的防守反击技术

1. 格挡防守反击技术

即左拳格挡防守，右直拳进攻；右拳格挡防守，左直拳进攻。（图 2-2-32 ~ 图 2-2-33）

图 2-2-32　　　　　图 2-2-33

2．摇闪防守反击技术

即左摇闪防守，左摆拳进攻；右摇闪防守，左摆拳进攻。（图 2-2-34 ~ 图 2-2-35）

图 2-2-34　　　　　图 2-2-35

三、应对拳法攻击胸腹的防卫

（一）勾拳的基本技术

勾拳是格斗中贴身或近距离的进攻拳法，其拳法隐蔽性强，力量大，在进攻当中具有很强的突然性和杀伤力。在实战应用中，勾拳多用于近距离击打，能够有效地破坏行为人防守，直击对方下颌或面部。除此之外，勾拳是防止行为人下潜抱摔的有效方法。

1．左勾拳

动作要求：实战姿势站立，身体左转，略下沉，前手臂收回轻贴于左肋部，重心偏于前腿；左臂略下摆，后脚蹬，左髋向上挺向右转，拳随挺髋动作向前上方击出；出拳臂夹角根据所击打的距离调整，拳心向内；出拳后马上制动，产生短促发力，随着挺髋制动后的肩部放松，拳有弹性地收回，动作还原。（图 2-2-36 ~ 图 2-2-38）

图 2-2-36　　　　　　图 2-2-37　　　　　　图 2-2-38

动作要求：

（1）出拳时肩部要放松。

（2）蹬地挺髋时上体和手臂稳定，保持力的有效传导。

（3）出拳时注意保持肘关节位置的稳定，同时要求快速地击打进攻目标。

2. 右勾拳

动作要领：实战姿势站立，身体右转，略下沉；右前臂略向下摆，右腿蹬地转胯，身体左旋，随之后手臂根据所击打距离加大角度向前、向上出拳，拳心向内，重心随之前移；出拳后肩部迅速放松，出拳臂借回降之力收回，动作还原。（图 2-2-39 ~ 图 2-2-42）

图 2-2-39　　　　　图 2-2-40　　　　　图 2-2-41　　　　　图 2-2-42

动作要求：

（1）出拳时应迅速。

（2）保持重心稳定。

（3）以步法配合腰部肌肉发力带动手臂发力。

（二）勾拳的防守技术

勾拳的防守技术主要是拨打防守法。

动作要领：当行为人以左勾拳或右勾拳进攻我方民航安保人员腹部时，我方人员身体迅速下蹲、手臂下沉，上体向左或向右旋转以右前臂或左前臂内侧拨打行为人手腕处，化解对方的进攻。（图 2-2-43）

图 2-2-43

（三）勾拳的防守反击技术

勾拳的防守反击技术也主要是拨打防守，属于拳法类进攻反击。（图 2-2-44 ～ 图 2-2-45）

图 2-2-44　　　　　图 2-2-45

四、应对不规则拳法攻击的技术

（一）拳法组合技术

在掌握单一的技术动作基础之上，对单一的技术动作进行串联，形成固定的连续击打技术，即拳法组合技术。拳法组合技术的应用需注意以下几个方面：第一，第一击多半是为第二击服务，有试探、测距以及蓄力的作用；第二，组合技术是一种以持续性进攻使己方在实战中保持主动优势；第三，组合技术是攻防一体的技术，在进攻的同时也始终保持基本的防守态势和意识；第四，组合技术一般有轻重缓急的节奏，容易被对方根据出拳节奏阻击，因此在使用组合拳时，应灵活多变，避免被行为人抓准节奏。示例如下：

1. *左直拳—右直拳—左摆拳*（图 2-2-46 ~ 图 2-2-48）

图 2-2-46　　　　　　　图 2-2-47　　　　　　　图 2-2-48

2. *左直拳—左直拳—右直拳*（图 2-2-49 ~ 图 2-2-51）

图 2-2-49　　　　　　　图 2-2-50　　　　　　　图 2-2-51

3. *左摆拳—右摆拳—左勾拳*（图 2-2-52 ~ 图 2-2-54）

图 2-2-52　　　　　　　图 2-2-53　　　　　　　图 2-2-54

4. 左直拳—右摆拳—左勾拳（图 2-2-55～图 2-2-57）

图 2-2-55　　　　　　　图 2-2-56　　　　　　　图 2-2-57

（二）拳法防卫技战术

拳法技术是应对暴力的基本格斗技术体系的重要组成部分，是中距离和近距离主要防守反攻的手段，主要包括直拳、摆拳、勾拳三大类。拳法防卫技战术方法主要有以下四种。

1. 步型与身形的转换躲闪防卫

当我方民航安保人员在 1 米左右（近距离）的距离突遭行为人的直拳或摆拳的攻击，我方人员应将双腿快速蹬地转换步型，同时调转身位躲闪对方进攻。（图 2-2-58～图 2-2-61）

图 2-2-58　　　　　　　　　　　　图 2-2-59

图 2-2-60　　　　　　　　　　　　图 2-2-61

2. 头盔防卫技术

当我方民航安保人员在 1 米左右（近距离）的距离突遭行为人的直拳或摆拳攻击，我方人员应迅速将右手横架于前额，同时左手屈肘并用左手护住自己的头部后侧，右手搭于左手的肘关节；左脚在前，当受到攻击时向前冲击，同时可用左顶肘攻击行为人胸部。（图 2-2-62 ~ 图 2-2-64）

图 2-2-62   图 2-2-63   图 2-2-64

3. 双手 X 形交叉防御

在防备状态或未防备状态下，当行为人突然以右直拳攻击我方民航安保人员面部时，我方人员应迅速将双手交叉成 X 形，同时上步贴靠对方，用左手臂顺势下压对方的右直拳，用右手攻击对方的胸腹部及颈面部之间。（图 2-2-65 ~ 图 2-2-66）

图 2-2-65   图 2-2-66

4. 跳水式防御手型

当我方民航安保人员在 1.5 米左右（中距离）的距离突遭行为人用拳头攻击我方人员面部时，我方人员应迅速双手水平成掌（双掌重叠），双臂前伸向前大力推出，双臂贴于头部两侧，尽量使头部与双臂形成水平位置，身体重心前移，以最快的速度贴近对方的身体，或是压制对方的攻击手臂，使其不能完全伸直，以减弱其攻击能力。（图 2-2-67 ~ 图 2-2-69）

图 2-2-67　　　　图 2-2-68　　　　图 2-2-69

【技能训练】

（一）学员一对一配合练习

学员可在实训场馆或空地两人一组进行练习，双方佩戴拳套、护头和护胸，一名学员为操作手，另一名为配手。根据教师下达的指令，配手一方按照某一组固定拳法组合进攻操作手一方，操作手则使用指定的技术防守或反击配手的拳法进攻。在进行练习的过程中，可分多组由简到繁地进行练习。

（二）学员一对一喂靶练习

学员可在实训场馆内两人一组进行练习，一名学员戴拳套，另一名持拳靶。

（1）固定靶：配手一方根据教师下达的指令，使用某一组固定拳法进攻操作手，操作手按照配手一方的进攻方式使用指定的防守以及反击技术击打配手一方的拳靶。训练过程可采用分组或多组同时进行的练习。

（2）反应靶：教师下达指令后，配手一方持拳靶上前随意使用任何拳法无规律地攻击操作手一方的头部，操作手一方要快速反应，迅速做出正确的判断并使用合理的防守加反击技术击打对方的拳靶。可多组同时进行练习，既可在场地内散开进行练习，又可以在场地内行进间进行练习。

（三）学员一对一反应练习

学员可在实训场馆内两人一组进行练习，双方分别佩戴拳套、护头、护胸和护裆，一名学员为操作手，另一名为配手。根据教师下达的指令，配手一方上前对操作手一方随意使用任何无规律的拳法进攻，操作手一方则根据自我的反应能力随机做出正确的判断，躲闪配手一方的进攻，并且使用合理的防守反击技术。

（四）条件实战练习

学员可在实训场馆内、擂台上或狭长隧道内两人一组进行练习，双方佩戴拳套、护头、护胸和护裆，根据教师指定的拳法进攻或防守以及反击技术进行条件实战对抗练习，指定一方进攻，另一方防守反击。要求主动进攻或防守反击的动作由简到繁、由易到难，力度由轻到重。从实战中锻炼对距离感、空间感和时间感（差）的把握。教师应在旁进行指导和提示，鼓励学员建立自信，并随时关注和尽力规避条件实战对抗练习中的意外受伤事件发生，第一时间将意外受伤事件的概率和程度降到最低。

任务三　应对腿法攻击的基本技术

腿法技术是中、长距离的主要进攻手段。拳谚道："手是两扇门，全凭脚打人。"腿法的杀伤力和命中率相对比拳法更高，练好腿法在格斗训练中具有重要意义。基本腿法主要有蹬腿、鞭腿和踹腿三种。

一、应对腿法正向攻击的防卫技术

（一）蹬腿的基本技术

蹬腿属于直线型进攻腿法，动作预兆小、启动快，易于直接进攻。蹬腿在不必要时一般用于测量攻击距离和拉开攻击距离，多用于攻击对方腹部和胸部。在必要时也可直击对方要害，如膝关节、小腹等部位。

1. 左蹬腿

左蹬腿通常也称前蹬腿，它动作灵活，启动快，常用于主动进攻和阻击。

动作要领：实战姿势站立，重心后移，左腿提膝上顶，同时右腿屈膝撑地；右腿蹬转，同时左小腿勾脚、上抬；左大腿催动小腿发力、送髋，向前踹击，力达脚底；小腿回收，动作还原。（图2-3-1～图2-3-6）

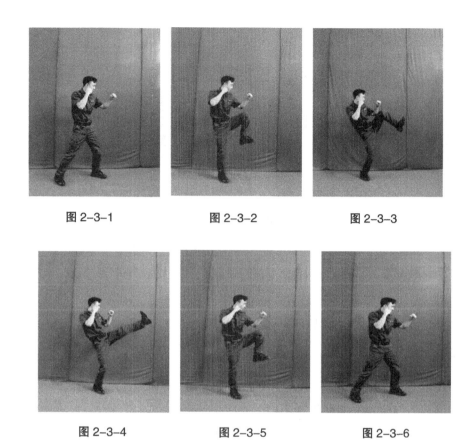

图 2-3-1 图 2-3-2 图 2-3-3

图 2-3-4 图 2-3-5 图 2-3-6

2. 右蹬腿

右蹬腿动作预兆小，启动突然，蹬踹力量大。

动作要领：实战姿势站立，左脚稍左转，重心前移，右腿提膝上顶，脚微勾，左腿屈膝支撑，呈反架提膝；左腿蹬转，同时右小腿勾脚、上抬；右大腿催小腿送髋，向前端击，力达脚底；小腿回收、落地，呈反架站立。（图 2-3-7 ~ 图 2-3-12）

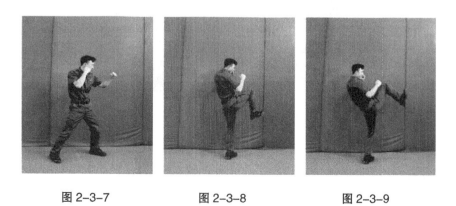

图 2-3-7 图 2-3-8 图 2-3-9

图 2-3-10   图 2-3-11   图 2-3-12

动作要求：

（1）屈膝上提膝关节保持在腰部以上的位置。

（2）送髋出腿时上体微后仰，保持身体重心。

（二）蹬腿的防守技术

1. 锁扣防守法

动作要领：当行为人以正蹬腿进攻我方民航安保人员腹部时，我方人员双臂随即沉肘，同时左手在下右手在上呈合抱状向前迎接对方进攻的腿；两手相合，锁扣住对方脚踝处，含胸、收腹、收小腿，化解对方的进攻。（图 2-3-13~图 2-3-14）

图 2-3-13   图 2-3-14

2. 里抄防守法

动作要领：当行为人以左蹬腿进攻我方民航安保人员腹部时，我方人员左腿随即后撤一步变为反架，同时右臂借助身体的转动曲臂内旋抄拨对方的小腿，使其改

变进攻方向。（图 2-3-15）

图 2-3-15

3. 后撤防守法

动作要领：当行为人以正蹬腿进攻我方民航安保人员腹部或胸部时，我方人员右脚随即后撤半步同时左脚相应地后跟半步，躲开对方的进攻。（图 2-3-16）

图 2-3-16

（三）蹬腿的防守反击技术

1. 锁扣防守反击术

当行为人以左正蹬腿攻击我方民航安保人员胸部时，我方人员双手迅速合抱锁扣住对方的攻击脚，顺势左直拳反击。（图 2-3-17 ~ 图 2-3-19）

图 2-3-17   图 2-3-18   图 2-3-19

2. 里抄防守反技术

即当行为人以左正蹬腿攻击我方民航安保人员腹部时，我方人员右手从外侧顺势里抄防守对方攻击脚，并迅速实施左摆拳反击。（图 2-3-20～图 2-3-22）

图 2-3-20   图 2-3-21   图 2-3-22

3. 后撤防守反击技术

即当行为人以右正蹬腿攻击我方民航安保人员胸部时，我方人员随即后撤半步化解对方进攻，并迅速实施右鞭腿反击。（图 2-3-23 ～图 2-3-24）

图 2-3-23   图 2-3-24

二、应对腿法侧向攻击的防卫技术

（一）鞭腿的基本技术

鞭腿是一项横向击打的腿法，即格斗中弧线腿法的统称，有高鞭腿、中鞭腿、低鞭腿。在实战中该腿法应用最多，常见于击打对方肋部、头部、腿部等部位。

1. 左鞭腿

左鞭腿又称前鞭腿，它动作隐蔽性大，速度快且灵活多变。

动作要领：实战姿势站立，重心后移，左腿正前方提起，脚微勾，右腿撑地微屈；右腿蹬转同时左腿扣膝、绷脚，上体控制身体平衡，目视前方；右脚蹬地同时左小腿以膝关节为轴，横向鞭打，力达脚背和踝关节之间部位；小腿回收，左膝外翻，动作还原。（图 2-3-25 ~图 2-3-30）

图 2-3-25   图 2-3-26   图 2-3-27

图 2-3-28　　　　　　　　图 2-3-29　　　　　　　　图 2-3-30

2. 右鞭腿

右鞭腿属于重型鞭腿，它打击力量大，常给予对方重创，但出腿预备性强，有效击打次数相对较少。

动作要领：实战姿势站立，左脚稍左转，重心前移，右腿正前方提起，脚微勾，左腿屈膝撑地，呈反架提膝；左腿蹬转同时右腿扣膝、绷脚，上体控制身体平衡，目视前方；左脚蹬地同时右小腿以膝关节为轴，横向鞭打，力达脚背和踝关节之间部位；小腿回收，右膝外翻，呈反架站立。（图 2-3-31 ~ 图 2-3-36）

图 2-3-31　　　　　　　　图 2-3-32　　　　　　　　图 2-3-33

图 2-3-34　　　　　　　图 2-3-35　　　　　　　图 2-3-36

动作要求：

（1）注意在提膝时身体重心要稳定。

（2）注意借助提膝的惯性带动腿的蹬转，脚在蹬转时，脚跟内扣 50° 左右，脚的扣膝、绷脚要衔接好。

（3）重点体会小腿的鞭打动作，发力时以腰带腿，并以膝关节为轴横向鞭打。

（二）鞭腿的防守技术

1. 外挡防守法

动作要领：当行为人以左低鞭腿进攻我方民航安保人员大腿或小腿内侧时，我方人员左腿随即上前一步，身体前倾，同时左手自里向外由拳变掌推挡对方进攻。（图 2-3-37 ~ 图 2-3-38）

 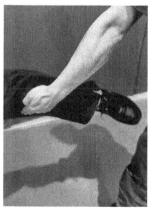

图 2-3-37　　　　　　　　图 2-3-38

2. 拍挡防守法

动作要领：当行为人以左高鞭腿进攻我方民航安保人员头部或者上体时，我方人员右腿随之后撤，躲过对方的最大攻击点，同时双手拍击对方踝关节处。（图2-3-39）

图 2-3-39

（三）鞭腿的防守反击技术

1. 上步外挡防守反击术

即当行为人以左低鞭腿攻击我方民航安保人员前腿时，我方人员左脚迅速上步，上步以左手由拳变掌，自里向外推挡对方进攻小腿内侧，我方人员拳法反击。（图2-3-40 ~ 图2-3-41）

图 2-3-40　　　　　　　图 2-3-41

2.拍挡防守反击法

即当行为人以左高鞭腿攻击我方民航安保人员头部时，我方人员双手随即上举拍挡防守对方攻击腿，并顺势实施右摆拳反击。（图 2-3-42 ~ 图 2-3-43）

图 2-3-42　　　　　　　　　图 2-3-43

三、应对腿法侧向直线攻击的防卫技术

（一）侧踹腿的基本技术

踹腿是格斗技术中主要的腿法之一，该动作隐蔽性好，启动突然，踹击力量大，能够有效阻击对方。踹腿在实战中更具有防守和进攻的优势，在面对连续进攻的同时，还能快速阻击对方，阻断其进攻。

1. 左侧踹腿

左侧踹腿又称前踹腿，其动作最大的特点就是突出一个"快"字，即提膝便踹，直接攻击，常使对方猝不及防，又因其力量大，常给对方以重创，使其消弱或丧失攻击力，常用于主动进攻和阻击。

动作要领：实战姿势站立，重心移至后腿，前腿（左腿）屈膝上提，脚尖勾起，后腿（右腿）屈膝支撑；后腿蹬转的同时前腿翻膝、翻小腿，脚掌侧面向前方，后腿支撑控制身体平衡；后脚蹬地同时髋关节伸展发力，左大腿带动小腿，向正前方直线踹击，力达脚掌，目视前方；小腿回收，前膝外翻，动作还原（图 2-3-44~图 2-3-49）。

图 2-3-44   图 2-3-45   图 2-3-46

图 2-3-47   图 2-3-48   图 2-3-49

2. 右侧踹腿

右侧踹腿动作的特点是动作幅度大、路线长，故一般不作为直接进攻的手段，而是与其他拳法或者腿法组合运用。

动作要领：实战姿势站立，前脚稍外翻，重心前移，后腿正前方屈膝上抬，脚尖勾起，前腿微屈支撑身体；前腿蹬转的同时后腿膝伸展关节、小腿内翻，脚掌侧面向前方，前腿支撑身体平衡；前脚蹬地的同时髋关节伸展发力，右大腿小腿，向正前方直线踹击，力达脚掌，目视前方；小腿回收，前膝外翻，呈反架实战姿势站立。（图 2-3-50~图 2-3-55）

图 2-3-50   图 2-3-51   图 2-3-52

图 2-3-53   图 2-3-54   图 2-3-55

（二）踹腿的防守技术

1.砸压防守法

动作要领：当行为人以左侧踹腿进攻我方民航安保人员腹部时，我方人员身体略向右转，同时左臂在对方屈腿时，迅速沉肘、屈臂下摆，利用尺骨外侧猛力下砸对方小腿，化解对方的进攻。（图 2-3-56 ~ 图 2-3-57）

图 2-3-56   图 2-3-57

2. 外拨防守法

动作要领：当行为人以左侧踹腿进攻我方民航安保人员腹部时，我方人员左脚快速蹬地后撤半步，躲避对方直线踹击，同时左小臂向外拨打对方左脚腕后侧，使其改变进攻方向。（图 2-3-58～图 2-3-59）

图 2-3-58   图 2-3-59

3. 掩肘拨打防守法

动作要领：当行为人以左侧踹腿进攻我方民航安保人员胸部时，我方人员右臂沉肘前伸、前臂内旋，自外向里拨打对方左脚腕后侧，同时身体左转，使其改变进攻方向。（图 2-3-60～图 2-3-61）

图 2-3-60　　　　　图 2-3-61

4. 锁扣防守法

动作要领：同正蹬腿的锁扣防守技术。（图 2-3-62）

图 2-3-62

5. 里抄防守法

动作要领：当行为人以左侧踹腿进攻我方民航安保人员腹部时，我方人员左腿随即后撤一步变为反架；转腰拧髋带动右臂向内拧转发力，抄拨对方的左小腿脚腕后侧，使其改变进攻方向。（图 2-3-63 ~ 图 2-3-64）

图 2-3-63　　　　　图 2-3-64

6. 后撤防守法

动作要领：当行为人以左侧踹腿进攻我方民航安保人员胸腹部时，我方人员前脚随及蹬地带动后脚向后滑步，以此撤出对方进攻的范围。（图2-3-65）

图2-3-65

（三）踹腿的防守反击技术

（1）当行为人以左侧踹腿攻击我方民航安保人员腹部时，我方人员身体随即略向右，砸压对方前小腿，顺势反击右直拳或右鞭腿。（图2-3-66~图2-3-68）

图2-3-66　　　　　图2-3-67　　　　　图2-3-68

（2）当行为人以左侧踹腿攻击我方民航安保人员腹部时，我方人员后撤半步使用外拨防守，改变其进攻方向的同时，顺势反击左摆拳或右鞭腿。（图2-3-69~图2-3-71）

图 2-3-69　　　　　图 2-3-70　　　　　图 2-3-71

（3）当行为人以左侧踹腿进攻我方民航安保人员胸部时，我方人员右臂沉肘前伸，掩肘拨打其左脚腕后侧，顺势反击左摆拳或左鞭腿。（图 2-3-72~图 2-3-74）

图 2-3-72　　　　　图 2-3-73　　　　　图 2-3-74

（4）当行为人以左侧踹腿攻击腹部时，左腿迅速后撤一步变成反架，以右小臂里抄防守，反击左摆拳加左鞭腿。（图 2-3-75 ~ 图 2-3-77）

图 2-3-75　　　　　图 2-3-76　　　　　图 2-3-77

（5）当行为人以左侧踹腿攻击我方民航安保人员腹部时，我方人员做里抄防守对方踹腿，反击右低鞭或右中鞭腿。（图 2-3-78 ~ 图 2-3-80）

图 2-3-78　　　　　　图 2-3-79　　　　　　图 2-3-80

四、应对不规则腿法攻击的防卫技术

（一）腿法组合技术

1. 左低鞭腿—右高鞭腿（图 2-3-81 ~ 图 2-3-82）

图 2-3-81　　　　　　图 2-3-82

2. 左正蹬腿—右高鞭腿（图 2-3-83 ~ 图 2-3-84）

图 2-3-83　　　　　　图 2-3-84

3. 左低鞭腿—左侧端腿（图 2-3-85～图 2-3-86）

图 2-3-85　　　　　　图 2-3-86

4. 左低鞭腿—右正蹬腿—左高鞭腿（图 2-3-87～图 2-3-89）

图 2-3-87　　　　　图 2-3-88　　　　　图 2-3-89

（二）腿法防卫技战术方法

1. 左右直拳—左高鞭腿（图 2-3-90～图 2-3-92）

图 2-3-90　　　　　图 2-3-91　　　　　图 2-3-92

2. 左正蹬腿—右直拳—右高鞭腿（图 2-3-93 ~ 图 2-3-95）

图 2-3-93　　　　　　　图 2-3-94　　　　　　　图 2-3-95

3. 左高鞭腿—右低鞭腿—右摆拳（图 2-3-96 ~ 图 2-3-98）

图 2-3-96　　　　　　　图 2-3-97　　　　　　　图 2-3-98

4. 左鞭腿—右直拳—左摆拳（图 2-3-99 ~ 图 2-3-101）

图 2-3-99　　　　　　　图 2-3-100　　　　　　　图 2-3-101

【技能训练】

（一）学员一对一配合练习

学员可在实训场馆或空地两人一组进行练习，双方佩戴拳套、护头和护胸，一名学员为操作手，另一名为配手。根据教师下达的指令，配手一方按照某一组固定腿法组合进攻操作手一方，操作手一方则使用指定的技术防守或反击配手一方的腿法进攻。在进行练习的过程中，可分多组进行由简到繁的练习。

（二）学员一对一喂靶练习

学员可在实训场馆内两人一组进行练习，一名学员格斗姿势站立，另一名持脚靶。

（1）固定靶：配手一方根据教师下达的指令，使用某一组固定腿法进攻操作手一方，操作手一方按照配手的进攻方式使用指定的防守以及反击技术击打配手方的拳靶。训练过程可采用分组或多组同时练习。

（2）反应靶：配手一方根据教师的指令，随意使用任何无规律的腿法进攻操作手一方的身体，操作手一方则要根据自身的反应能力，快速使用正确且合理的防守与反击技术。

（三）学员一对一反应练习

学员可在实训场馆内进行两人一组的练习，双方分别佩戴拳套、护头、护胸和护裆，一名学员为操作手，另一名为配手。根据教师下达的指令，配手一方上前对操作手一方随意使用任何无规律的拳法进攻，操作手一方则根据自我的反应能力随机做出正确的判断，躲闪配手一方的进攻，并且使用合理的防守架反击技术。

（四）条件实战练习

学员可在实训场馆内、擂台上或狭长隧道内两人一组进行练习，双方佩戴拳套、护头、护胸和护裆。学员根据教师指定的拳法进攻或防守以及反击技术进行条件实战对抗练习，指定一方进攻，另一方防守反击。要求主动进攻或防守反击的动作由简到繁、由易到难，力度由轻到重。从实战中锻炼对距离感、空间感和时间感（差）的把握。教师应在旁进行指导和提示，鼓励学生建立自信，并随时关注学生练习动向，最大限度上避免意外受伤事件的发生。

任务四 应对摔法攻击的基本技术

一、倒地后的自我保护技术

（一）前滚翻

1. 前滚翻并腿起

动作要领：蹲撑，两腿蹬直，同时屈臂、低头、提臀、团身向前翻滚。前滚时，按照头的后部、肩、背、臀部依次着垫，当背着垫时，迅速屈小腿；上体与膝部靠紧，两手抱小腿，向前滚动成蹲立，背对滚翻方向蹲撑。（图2-4-1~图2-4-5）

图2-4-1 　　　　　图2-4-2 　　　　　图2-4-3

图 2-4-4　　　　　　　图 2-4-5

2. 前滚翻分腿起

动作要领：并步站立，蹲撑开始，同时屈臂、低头、提臀、团身向前翻滚，当背部着垫时，两腿伸直尽力分开，上体前跟，两手在髋下向后推垫分腿站立。（图 2-4-6 ~ 图 2-4-10）

图 2-4-6　　　　　　　图 2-4-7　　　　　　　图 2-4-8

图 2-4-9　　　　　　　图 2-4-10

（二）后滚翻

1. 后滚翻团身起

动作要领：背对滚翻方向蹲撑、提臀，身体稍前倾，团身然后迅速倒体，同时两臂屈肘向后翻掌与肩上，经臀、腰、肩、颈、头依次着垫向后滚动，当滚到肩部时，低头推手成跪撑。（图2-4-11～图2-4-14）

图2-4-11　　　　　图2-4-12　　　　　图2-4-13　　　　　图2-4-14

2. 后滚翻直腿起

动作要领：由正立开始，低头身体前屈，屈腿后坐，团身然后迅速倒体，翻臀向后滚动，双手用力支撑身体，双脚斜上方蹬伸，自然落地，接着用力推起成屈体立撑。（图2-4-15～图2-4-19）

图2-4-15　　　　　图2-4-16　　　　　图2-4-17

图 2-4-18   图 2-4-19

（三）侧滚翻

1. 左侧滚翻

动作要领：两腿前后站立，左脚在前、右脚在后站立，身体前倾且右旋，同时左手虎口向内经胸前划弧，低头、含胸，右手撑地，左肩顺势触地，团身向前滚动，右臂借助惯性推地，身体站立。（图 2-4-20 ~ 图 2-4-23）

图 2-4-20   图 2-4-21   图 2-4-22   图 2-4-23

2. 右侧滚翻

动作要领：两腿前后站立；身体前倾，同时屈臂、低头、提臀、团身向前翻滚；侧滚时，用身体的一侧按照肩、背、臀部依次着垫，当着垫时，迅速折小腿成右腿在下、左腿在上的三角支撑，上体与膝部靠紧，身体借惯性向前滚动成蹲立，身体站立。（图 2-4-24 ~ 图 2-4-27）

图 2-4-24　　　　图 2-4-25　　　　图 2-4-26　　　　图 2-4-27

（四）前倒

动作要领：正面并腿站立，直体前倾，双臂前伸；在倒地的一刹那双手拍地，夹肘，屈臂缓冲并撑地，同时提臀、抬头，目视前方。（图 2-4-28 ～图 2-4-30）

图 2-4-28　　　　图 2-4-29　　　　图 2-4-30

（五）侧倒

1. 左侧倒

动作要领：实战姿势站立，左腿向右前方横向摆动，上体左旋、拧腰、转头、目视左下方，右膝弯曲，重心下沉，屏气，身体左侧自下而上依次触地，两手臂在触地时拍地。（图 2-4-31 ～图 2-4-33）

图 2-4-31　　　　图 2-4-32　　　　图 2-4-33

2. 右侧倒

动作要领：右脚向左前方横向摆动，上体右旋，拧腰，转头、目视右下方，左膝弯曲，重心下沉，屏气，身体右侧自下而上依次触地，两手臂在触地时拍地。（图2-4-34 ~ 图2-4-36）

图2-4-34　　　　　　　图2-4-35　　　　　　　图2-4-36

（六）后倒

动作要领：背对前方，两脚分开站立，屈膝半蹲，双手后摆，屏气，双脚蹬地，含胸拔背收下颌，上体后倒，在肩背触地的一刹那双手臂稍外展拍地，同时一腿上抬，另一腿屈膝撑地，脚跟提起，腰上顶，含下颌。（图2-4-37~ 图2-4-39）

图2-4-37　　　　　　　图2-4-38　　　　　　　图2-4-39

跌法练习注意事项：

（1）练习跌法时要在较柔软的地方进行，如软垫、沙坑、草地等，避免受伤。

（2）在练习滚翻时要注意团身，身体尽量团紧，触地后顺势滚动。

（3）在练习倒地时，要注意在倒地的瞬间，两手拍地，屈臂缓冲。

（4）练习前倒和后倒时要注意颈部前屈收紧，收紧下颌。

二、贴身摔技术

（一）抱腿前顶摔

动作要领：双方对峙，当行为人上步以左直拳进攻我方民航安保人员面部时，我方人员随即上步下潜，双手抱于对方膝窝处；右腿蹬，身体前移，以左肩向前顶击对方髋关节同时双手回拉，将其摔倒。（图2-4-40～图2-4-43）

动作要求：注意抱腿回拉和肩顶要求同步。

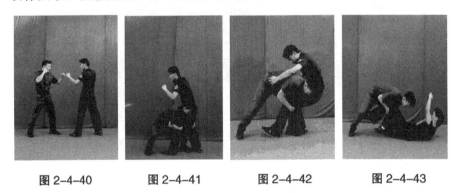

图2-4-40　　　　图2-4-41　　　　图2-4-42　　　　图2-4-43

（二）抱腿旋拉摔

动作要领：双方对峙，当行为人上步以左直拳进攻我方民航安保人员面部时，我方人员随即上步下潜，双手抱于对方膝窝处，左肩贴紧对方髋关节；随即，右手迅速拉起对方的小腿，右腿随即向右后方划弧撤步，身体右旋，将对方摔倒。（图2-4-44～图2-4-48）

动作要求：旋拉、变线要突然。

图2-4-44　　　　　　图2-4-45　　　　　　图2-4-46

图 2-4-47　　　　　　图 2-4-48

（三）抱背过背摔

动作要领：双方缠抱时，我方民航安保人员锁扣住行为人右臂，右臂抱紧对方的背部，身体左旋，继而两腿蹬伸，提臀，弯腰；在对方重心离地的瞬间，拧腰低头，使其倒地。（图 2-4-49 ~ 图 2-4-54）

动作要求：锁臂旋拉，上步靠身、抱背，动作要流畅。

图 2-4-49　　　　　　图 2-4-50　　　　　　图 2-4-51

图 2-3-52　　　　　　图 2-4-53　　　　　　图 2-4-54

三、接腿摔技术

（一）接左鞭腿勾踢摔

动作要领：接左鞭腿勾踢摔与接右鞭腿勾踢摔一致。当行为人以左鞭腿进攻我方民航安保人员腹部时，我方人员两脚保持格斗姿势，随即身体前倾，右臂顺势抱住行为人的左小腿，左手上托行为人的左小腿，两手用力上抬；右脚上步，左脚内扣，勾踢其支撑腿，使其倒地。

（二）接右鞭腿勾踢摔

动作要领：当行为人以右鞭腿进攻我方民航安保人员腹部时，我方人员左腿随即向左侧迈步躲过对方的进攻，同时身体前倾，左臂自外向内挂扣对方的小腿并上抬，左手阻挡小腿的进攻；左脚上步，右脚外展，勾踢其支撑腿，使其倒地。（图 2-4-55 ~ 图 2-4-58）

动作要求：挂扣上抬与右脚的上步勾踢配合要协同一致。

图 2-4-55　　　　　　图 2-4-56

图 2-4-57　　　　　　图 2-4-58

四、抗摔技术

抗摔术，顾名思义，就是防止或抵抗对方的摔法进攻。抗摔术在运用形式上讲究简单、实效，简言之，即压颈、顶髋、插裆。在使用上突出了动作小、方法巧、变化多等特点。抗摔术与摔法训练同为一体，两者不可分割，是格斗训练的重要组成部分。

（一）下潜摔的抗摔技术

动作要领：下潜摔是双方在搏斗过程中常用的一种摔法，如抱腿前顶摔、抱腿过胸摔、抱腿旋拉摔等都属于下潜摔的一种，它动作突然、变线快，不易防守。在行为人下潜抱腿时，我方民航安保人员采取推髋和压颈插裆的动作阻碍对方发力。

（二）夹颈、抱腰、穿臂摔的抗摔技术

动作要领：双方搂抱在一起时，我方民航安保人员重心迅速下沉，左手下拉其颈，使头部抬起受阻，右手推其髋，阻止行为人靠近，以此达到防摔的目的。当行为人意图摔抱我方民航安保人员时，我方人员随即缩颈解脱，重心下沉；同时，左手推其后背，右手勾拉其右腿，借力将对方反摔。

（三）接踹腿摔的抗摔技巧

动作要领：当我方民航安保人员以踹腿进攻行为人时，对方以锁扣法进行防守并实施摔法，我方人员迅速将进攻腿回收并将脚下沉插裆，随后支撑腿跳起，手臂弯曲用尺骨外侧下压颈部，使对方失去重心。

（四）接鞭腿摔的抗摔技巧

1. 接腿插裆摔的抗摔术

（1）未实施摔法的抗摔术。

动作要领：当行为人接住我方民航安保人员左鞭腿将要实施摔法且尚未实施时，我方人员小腿迅速回收下沉落地，同时左手外翻自右向左下方压其颈，身体下沉呈马步状。另外，视情况，也可以右手推其髋。

（2）实施摔法的抗摔术。

动作要领：当行为人接住我方民航安保人员左鞭腿使用插裆摔时，我方人员左手随即下压对方颈部，同时，支撑腿伴随着对方的摔法而顺力跳动，不断调整自己的重心，以此来达到抗摔的目的。亦可小腿迅速回收落地，左手按其颈，使其无法抬头。

2.接腿抹脖勾踢摔的抗摔术

（1）未实施摔法的抗摔术。

动作要领：当行为人用外挂防守接住我方民航安保人员右鞭腿的进攻时，我方人员不等对方抹脖，小腿由对方大腿外侧迅速缠绕至大腿内侧，形成插裆，同时右手随即扣压对方颈部，使其不能抬头。

（2）实施摔法的抗摔术。

动作要领：当行为人向我方民航安保人员实施抹脖勾踢摔时，我方人员右手扣拉住对方的颈部，左手迅速顶其髋，使其不能靠近。

【技能训练】

（一）学员一对一配合练习

学员可在实训场馆或擂台两人一组进行练习，双方佩戴护具，一名学员为操作手，另一名为配手。根据教师下达的指令，配手一方出某一组固定的拳法或腿法攻击操作手一方，操作手一方则根据进攻使用抱膝前顶摔、抱腿旋拉摔、抱背过背摔。在进行练习的过程中，可分多组进行由简到繁分解练习和完整练习。

（二）摔沙人练习

学员可在实训场馆内两人一组进行练习，一名学员为操作手，另一名为配手，配手一方在沙人一侧将沙人扶住呈站立姿势。教师下达指令后，学员进行抱膝前顶摔、抱腿旋拉摔、抱背过背摔练习，主要是提高学员动作的正确性和动作完成的爆发力。可多组同时进行练习。

（三）学员一对一反应练习

学员可在实训场馆内两人一组进行练习，一名学员为操作手，另一名为配手。教师下达指令后，双方在练习过程中要进行适当的反抗，不要完全配合对方摔倒，以此进行实战对抗和反应训练，能够有效提高学员的反应意识和快速有效完成摔法技术动作的能力。可多组同时进行练习。

任务五 应对徒手攻击的战术方法

一、应对徒手攻击的实战对抗战术

（一）强攻战术

强攻战术是格斗战术中的基本战术，是硬性的快速进攻形式，以"迅猛"来弥补己方技术的不足，扰乱和破坏对方的攻击及其他战术准备，使其措手不及。一般在下列情况下使用：

（1）当行为人心理素质较差时。

（2）当行为人战斗力下降时。

（二）直攻战术

直攻战术是指在没有假动作的掩盖下而直接进攻的一种战术形式。在运用直攻战术的过程中，学员一定要注意动作隐蔽性要好，启动要快。一般在下列情况下使用：

（1）当双方处于有效进攻距离时。

（2）当行为人防守出现漏洞时。

（3）当行为人因体力下降或遭到重创反应迟钝时。

（三）佯攻战术

佯攻战术是指在假动作的掩盖下达到进攻目的的一种战术形式，是实战中常用的进攻战术。佯攻战术在技术表现形式上讲究真假结合、上下结合、虚实结合，让对方摸不清自己真正的进攻目标，进而达到进攻的效果。一般适用于下列情况：

（1）当行为人处于我方人员的无效进攻距离时。

（2）当行为人防守较为严密，不宜直接进攻时。

（3）当我方民航安保人员身高优势不足时。

（四）反击战术

反击战术是典型的后发制人谋略，是针对对方进攻所实施防守后进行的一种有效的反击形式。反击战术与前面所讲战术相比较为复杂，要求使用人头脑要冷静，具有丰富的实战经验，有熟练的防守技能和快速的反击意识。一般适用于下列情况：

（1）当行为人出现防守漏洞时。

（2）当行为人盲目进攻时。

（3）当行为人动作速度较慢时。

（4）当行为人防守意识较差时。

（5）当行为人心态不稳定时，如心情急躁、情绪低落等。

（五）迂回战术

迂回战术要求尽可能地避开对方的优势，利用步法的移动，从侧面进攻对方的一种战术打法。迂回战术是典型的技术型打法，它要求学员必须有灵活的步法、娴熟的移动技术和良好的距离感。一般在下列情况下使用：

（1）以小博大时。

（2）以弱对强时。

（3）对方防守技术较为严密时。

（4）对方力量较大却技术较为粗糙时。

（六）蒙蔽战术

蒙蔽战术俗称心理战术，是通过对自己外在形式的表象，或进攻气势的表现，来遮掩自己的不足，起到威慑和恐吓对方的效果，使对方不敢贸然行动的一种战术。在实战对抗中，如果遭受到重击，应及时用假象（如迅速站起，并摆出要进攻的样子等）来掩盖自己受打击的真实情况，使对方难以摸清虚实，产生畏惧心理。

二、应对徒手攻击的综合实战对抗战术

为提高学员的实战能力，开展实战练习是非常必要的一种训练手段。实战练习并非纯街头实战式练习，而是在确保安全的情况下和有一定规则限制下展开的实战练习，有护具的穿戴和裁判的临场保护等。其具体可分为针对性实战练习和综合性实战练习，针对性练习可分为拳法、腿法、摔法、拳腿结合、拳摔结合、腿摔结合等，综合性练习是指所有技术灵活组合的实战应用。区别于实战模拟练习的是，

实战练习对击打的力度可不受约束，还原最真实的对抗情况。

【思考题】

1. 基本拳法技术有哪些？

2. 简述距离和时机在格斗对抗中的重要性。

3. 拳法组合技术的应用应注意哪几个方面？

4. 倒地后的自我保护技术有哪些？请简述并演示相关技术。

项目三　应对暴力行为的防卫与控制技术

学习目标

知识目标：充分认识到民航安保人员防卫与控制技术在实战场景中的重要性；掌握应对暴力行为的防卫与控制技术。

能力目标：能熟练运用徒手防卫与控制的基本技术；能够结合战斗场景实施解脱、控制、压点、摔法等组合性技术；能够合理地变化防卫与控制技术的实施，制止突发性的暴力事件。

【案例回放】

青岛新闻网 7 月 11 日讯，一名旅客被机长判定饮酒超量，存在安全隐患，拒绝该旅客登机。青岛机场工作人员按规定引导该旅客离开登机区域，却遭到旅客的谩骂殴打，腹部及后脑遭受旅客手提包重击，旅客包内玻璃水杯因大力撞击破碎。整个过程中机场工作人员忍痛始终冷静应对、有礼有节，事发后公安机关立即介入并将闹事旅客带走处置。

机场工作人员被打后腹部疼痛、头部出血不止，连续呕吐，青岛机场将该员工送往医院，医生诊断员工头部裂伤、头部外伤反应及腹部损伤，机场高层管理人员当晚到医院看望了受伤员工，科室管理人员也一直在医院陪伴着受伤员工。

据悉，对这名旅客严重侵害工作人员人身安全的行为，青岛机场已通过法律途径追究其责任。乘机环境安全不容忽视，公安机关经调查取证后处以该旅客拘留与经济处罚。

青岛机场协助公安机关对事件全过程进行详细调查，认定该员工始终按照工作守则高标准开展工作，且在被打后仍保持着良好的职业素养，予以通报表扬和奖励。

（案例来源：男子醉酒被拒登机　殴打工作人员被警方拘留，http://sd.sina.com.cn/news/2019-07-12/detail-ihytcitm1534951.shtml）

【案例评析】

民航机场内经常会出现醉酒登机的个别乘客，他们在酒精的麻痹下，通常会不遵守机场的治安规定，执意登机。对此，机场工作人员应积极沟通且说明不能登机的情况。而若其不听劝阻，甚至情绪异常激动，并对机场工作人员进行推拉、蹬踹、踢打等暴力性行为，威胁到机场工作人员的生命安全。对此，为了及时控制局面和避免恐慌，民航安保人员和工作人员可形成两人小组方式，一方吸引注意力，另一方运用徒手防卫与控制技术主动突袭醉酒行为人，将其控制并快速带离现场移交机场民警处理，以减少机场大厅的恐慌和聚集。

任务一　人体要害部位与击打效果

一、人体要害部位概况

了解并熟悉人体要害部位，再加精准、有效的击打技巧，能使民航安保人员在处置暴力违法活动时有效地制伏敌人。根据民航安保人员击打要害部位力度的不同，行为人的违法犯罪活动也会受到不同的限制作用。对于头部、内脏等要害部位，民航安保人员除非万不得已，危及自身生命安全应避免击打，以免防卫过当，造成不可挽回的严重后果。此外，还要保护好自己的要害部位，以防受到袭击。

（一）人体正面要害部位

太阳穴、耳部、眼部、鼻部、人中穴、下颚部、咽喉部、锁骨、肩关节、剑突、肋部、腹部、前臂肌群、小腹部、裆部、大腿肌群、膝关节、胫骨、踝关节。

（二）人体背面要害部位

耳根及颈侧、颈后及后脑、背肌群、上臂肌群、脊椎、肾部、肘关节、髋关节、尾骨、臀肌群、掌指关节、小腿肌群、足跟腱。

二、人体要害与薄弱部位

人体有许多容易遭受击打的薄弱部位和敏感区,精准、有效地击打可以使其生理机能暂时或永久地丧失,有时一击便可毙命,因此,这些在防卫技击中具有特殊的意义部位被称为要害部位。了解并熟悉这些要害部位,再加精准、有效的击打技巧,可使民航安保人员在处理暴力违法犯罪活动中有效地制伏敌人。

（一）头部

头部位于人体最上端,集听觉、视觉、嗅觉、思维能力于一体。这个部位分布着许多要害部位,如在眼睛、太阳穴、眼鼻部三角区和下颌区域,这里的神经血管分布相当丰富,痛觉敏感,在受到拳、肘、膝或器械等外力击打时,会疼痛难忍,丧失功能或使人丧失战斗力。

1. 眼睛

眼睛是人的视觉器官,在组织结构与生理功能上比较特殊,底部靠近鼻梁处有视神经和大脑相连。人的行动能力基本由眼睛引导,因此它是人体最重要的要害部位之一。

击打方法:攻击时可用指戳击或击打。

2. 太阳穴

太阳穴属头部颞区,有颞浅动脉、静脉及颞神经穿过,也是最早被各家武术拳谱列为要害部位的"死穴"之一。现代医学证明,击打太阳穴,可使人致死或造成脑震荡使人意识丧失。

击打方法:攻击时可用拳面和肘关节撞击。

3. 耳

耳是听觉器官,同时又是位觉器官。除了听觉,它还有感受人体空间体位变化,具有维持身体平衡的功能。耳郭神经离大脑较近,受到击打或挤压后可损伤通往脑膜中的动脉、静脉分支,使血液循环受阻。而且耳部在下颌骨的上缘,下耳郭的后面,有一个和太阳穴一样致命的穴位,叫完骨穴。打击耳和耳后完骨穴,轻则击穿耳膜或耳内出血,重则致人脑震荡或死亡。

击打方法:攻击时可用双拳同时左右夹击。

4. 鼻

外鼻和鼻腔都是由骨和软骨作为支架,直接覆盖皮肤而构成的。由于鼻软骨的存在，使鼻部的骨性结构变得脆弱。同时，鼻表面和鼻腔内都缺乏皮下组织，既没有丰富的肌肉，也没有脂肪。当对鼻梁一侧进行打击时，可以造成鼻骨击碎、下眼眶骨折、鼻内大出血、流泪不止以及剧烈的疼痛等，并可造成短暂的视觉障碍。或者使鼻内大量出血，疼痛异常，并使两眼泪流不止，造成暂时视力障碍。

击打方法：攻击时可用拳面击打、膝关节撞击及脚面踢击。

5. 下颌

颌部向下与颈部相连，向上通过下颌头与颅腔底部相连。在颌的两侧有舌下神经，布满了神经束，向此部位施以强烈地击打，会使人全身麻木甚至是休克。

击打方法：攻击时可用直拳冲击或肘关节上挑。

6. 后脑

后脑位于颅骨后部，包括小脑、脑干和延髓，是人体重要的生命中枢。由于缺少坚硬的骨骼对其进行保护，在受到击打时，易使相关神经受到损伤，从而造成脑震荡甚至是脑损伤等严重后果。

击打方法：攻击时可用拳面或肘关节击打。

（二）颈部

颈部是指头部与双肩的连接处。由于颈部的联系作用，脑发出的各种指令得以传输到躯干和四肢，身体感受到的各种刺激以神经冲动的方式也可以传送到脑，其重要性不言而喻。颈部分布着咽喉、颈动脉、颈椎关节等要害部位。

1. 喉结

喉结在颈部正中，突出于皮下，成年男子特征较为明显。喉结上通咽和口、鼻腔，下连气管，是肺脏与外界进行气体交换的通气要道。由于喉结处有气管、颈动脉及迷走神经，故用手掌外缘砍击或用小臂从背后勒，可使对方在短时间内因缺氧而窒息甚至死亡。

击打方法：攻击时可直接攻击或用肘勒、手卡以及锁脖技术。

2. 颈动脉

颈部的两侧布满致命的血管、神经，颈动脉三角就位于胸锁乳突肌前线的颈内侧三角中。因此，在颈侧的颈动脉三角处，能用手触摸到颈动脉的搏动。暴力击打或压迫颈动脉三角，常立即导致昏厥或死亡。

击打方法：攻击时可用手掌外缘砍，也可用肘关节下砸。

3. 颈椎

由于颈椎椎体在脊柱中相对较小，椎管也相对窄小，颈段脊髓又最为膨大，因而颈椎椎管与颈段脊髓对比显得不够宽大，因此，颈椎损伤时，也容易损伤颈段脊髓。第五颈椎以上脊髓损伤时，还会引起膈肌瘫痪。膈肌瘫痪后，伤员的自主呼吸不能维持会很快因窒息而死亡。

击打方法：攻击时可用手掌外沿砍击和肘关节撞击颈后枕下三角区或以两手抓住敌方头部猛力向两侧扳拧。

（三）躯干部

躯干部位包括人体的肩部、胸部、心脏、腹部、肋骨、裆部等。

1. 心脏

心脏是人和脊椎动物身体中最重要的一个器官，主要功能是提供压力，把血液运送至身体各个部位。此部位分布着膈肌神经丛、胃食管及主动脉、下腔静脉。如遭暴力击打，血管会因外力压迫而膨胀，导致心脏跳动急促或停止跳动、窒息，甚至死亡。

击打方法：攻击时可用脚踢、踹，或用肘击等具有较强的穿透力的动作。

2. 腹部

腹部的要害主要集中在上腹部，其分布着极其敏感的腹腔神经丛，而上腹部又是胃的所在部位，用力击打，会产生明显的痛感，使对方弯腰捧腹，失去反抗能力。

击打方法：攻击时可用脚踢、膝顶等。

3. 肋骨

肋部分布着12对细长的肋骨，且附在表面上的肌肉很薄，用膝顶或脚踢任何部位的肋骨，有可能使对方肋骨骨折，并且内有肝、胃、脾、胰等人体主要内脏器官，这些实质性器官含有丰富的血管，折断的肋骨还可能刺破内脏，造成体内大出血，失其功能，甚至致人死亡。

击打方法：攻击时可用拳击、膝顶或脚踢等。

4. 裆部

裆部是人体神经末梢丰富部位，男性生殖器血管神经丰富，敏感性极强，且极易受伤，即使是受到压、弹等轻微外力击打，也会疼痛难忍，使对方丧失抵抗能力，休克甚至丧命。

击打方法：攻击此部位可脚踢，如距离很近，可改用膝顶或手抓。

需注意以上身体各部位是否要害皆是相对而言的，它是可以随着目标的身体状况、自身能力以及外界环境的变化而发生改变的。因此，在实战中，执行者需要根据实际情况，选择击打部位及击打力度。

三、人体要害部位的击打效果

（一）击打效果图（图3-1-1~图3-1-3）

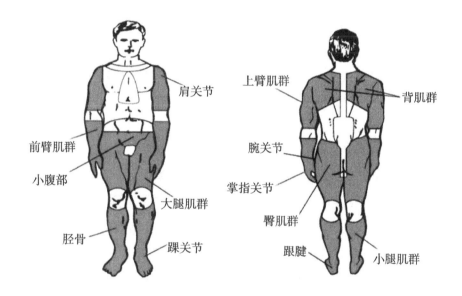

图 3-1-1

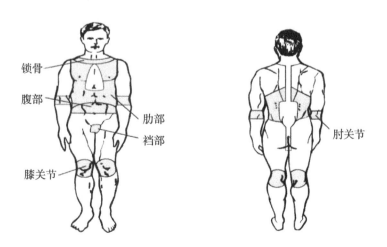

图 3-1-2

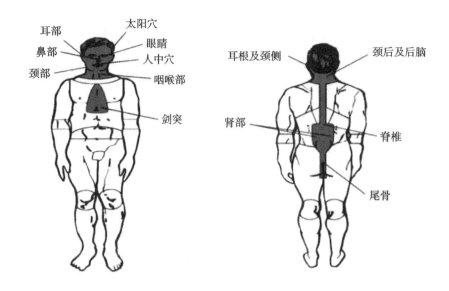

图 3-1-3

（二）伤害等级

身体部位在遭受暴力击打后，会产生不同的应激反应，造成不同的伤害后果。依据伤害不同部位及后果，可分为三个等级。

1.最低打击等级。一般不会致人死亡或重伤，只会造成暂时性的轻微伤害。如图 3-1-1 所示，灰色区域属于最低打击等级。

2.中等打击等级。一般不会致人死亡，属暂时性较重程度伤害，恢复周期也可能长于灰色区域。如图 3-1-2 所示，灰色区域属于中等打击等级。

3.最高打击等级。需要长期恢复的严重伤害，并可导致丧失意识、昏迷或死亡。如图 3-1-3 所示，灰色区域属于最高打击等级。

【案例回放】

机组人员在实际工作中时常会遇到扰乱客舱秩序的突发事件，或更恶劣的行为或事件，这将直接影响航空器的正常飞行和机上人员的人身财产安全。为了确保航空器的绝对安全，航空安全员必须具备客舱防卫中的突袭控制技术，以在最短的时间内，在违法犯罪嫌疑人毫无防备或根本来不及防备的情况下快速突袭，以主动控制的技术快速有效地将其控制，以确保航空器和机上人员的绝对安全。据香港"东网"等媒体报道，8月9日，香港"黑衣人"在香港国际机场发起所谓的"万人接机"集会。当日下午6时许，一位51岁梁姓男子在机场一号客运大楼接机大堂遭一名男子袭击。

事后，香港机场警区情报及支持组人员接手调查，于昨日（21日）下午在大埔区拘捕一名63岁何姓男子，该男子涉嫌袭击造成身体伤害及非法集结，现正被扣留调查。

"东网"称，事发当时，数百名示威者上前包围梁姓男子。其间，他遭到一名穿黑衣、戴墨镜光头男子挥拳施袭，致鼻梁受伤，事后梁姓男子自行到医院求医并报警。

据媒体此前报道，8月9日当天，一位身着蓝衣的香港市民梁先生，也因为无法忍受集会人士对机场秩序的破坏而进行了反抗，与现场的黑衣人发生冲突，现场一度混乱。梁先生表示，与黑衣人争执期间，被一名男子打中左眼，他已经报警。

随后，梁先生被约十名机场保安护送离开，护送时保安拉手围成一圈，将他圈在圈内。

（案例来源：环球网港媒：涉机场非法集会袭击伤人，警方拘捕一六旬男子，https://china.huanqiu.com/article/9CaKrnKmmmp，有改动）

【案例评析】

（1）民航安保人员是阻止违法行为人犯罪的第一道防线，也是处理各种重大危险事件的重要角色。因此，民航安保人员需要具备一定的侦查能力，即面对危险人员、危险事件的侦查能力。

（2）战术的正确运用。若机场个别乘客的人身安全受到威胁时，民航安保人员可在确定行为人的目的后迅速包围乘客，将其保护在中心位置，避免个别乘客受到其他行为人的攻击。

（3）及时增援。当行为人人数较多且攻击手段狠毒时，民航安保人员应尽快联系民警或者安全保卫部门进行增援，以保证乘客的人身及财产安全。

任务二　应对正面、侧面徒手防卫解脱技术

一、单手被抓腕、抓衣、抓发、掐颈解脱技术

单手解脱技术是民航安保人员在应对挑衅、骚扰、撕扯、肢体接触等低武力情况下所采用的快解脱对方控制的技术。

（一）单手被抓腕解脱技术

方法一：当行为人与我方民航安保人员发生争执，且用力抓住我方人员的手腕（以右手为例）不放时，我方人员应将右臂迅速屈肘，小臂与腰身同时向右旋拧发力，迅速使右手腕从对方虎口处以爆发力撬开，收回手臂即可解脱。（图3-2-1~图3-2-2）

图3-2-1　　　　　　　　　　　图3-2-2

方法二：当行为人抓握我方民航安保人员的腕关节（以右手为例）时，我方人员应左手快速固定对方手腕，用力向上回拉，同时，被制动手臂直臂向下，形成交错力，发力短促迅速，右手顺势击打对方腹部，从对方右手虎口开口方向解脱。（图3-2-3~图3-2-5）

图 3-2-3　　　　　　　　　　　　　　图 3-2-4

图 3-2-5

　　方法三：当行为人从侧面抓握我方民航安保人员腕关节（以右手为例）时，我方人员应左手拇指向下，握住对方腕关节，并向左下方回拉；右手由左向右屈臂外旋，同时身体右转，形成交错力，迫使对方右手内旋，然后猛力撬开对方右手的控制，使右手从对方右手虎口空隙处脱出。（图 3-2-6～图 3-2-9）

图 3-2-6　　　　　　　　　　　　　　图 3-2-7

图 3-2-8   图 3-2-9

（二）单手被抓衣的解脱技术

方法一：当行为人与我方民航安保人员正面站立，对方右手（以右手为例）突然迎面抓住我方人员衣领时，我方人员应在对方抓住衣领后，迅速将左手握拳屈臂下砸其右手腕关节，同时右手变掌，重心略向前移，利用掌根由下向上推击对方下颌骨，迫使其向后仰头，完成解脱。（图 3-2-10~图 3-2-11）

图 3-2-10   图 3-2-11

方法二：当行为人与我方民航安保人员正面站立，对方右手（以右手为例）突然抓向我方人员衣领，同时做出具有攻击性的行为时，我方人员应右手迅速扣住对方掌背，将其固定于我方人员胸前，左手托举对方肘关节；右手由左向右折压，同时，左手横向推其肘关节，使其对方肘关节反向受制，我方人员即可完成解脱。（图 3-2-12~图 3-2-14）

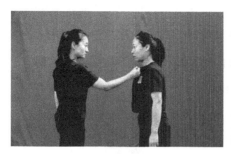 

图 3-2-12　　　　　　　　　　　　图 3-2-13

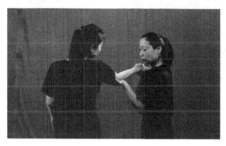

图 3-2-14

方法三：当行为人与我方民航安保人员正面或侧面站立，且右手（以右手为例）突然用力抓住我方人员的衣领或衣袖时，我方人员应右手扣握住对方手掌，固定在我方人员左肩上；左手直臂向下，由里向外摆动做抡臂上抄动作，迫使对方的肩、肘关节产生疼痛，完成解脱和控制技术。（图 3-2-15～图 3-2-17）

图 3-2-15　　　　　　　　　　　　图 3-2-16

图 3-2-17

方法四：当行为人从正面不断地抓扯、推搡我方民航安保人员的衣领时，我方人员应用右手迅速搭握住对方的手，四指紧扣对方右手掌根内沿，并用力向内折压对方手腕，左手由左向右抓握对方肘关节内侧，继而向左牵拉对方肘关节，迫使对方产生疼痛，即可脱离控制。（图 3-2-18～图 3-2-19）

图 3-2-18   图 3-2-19

方法五：当行为人与我方民航安保人员正面或侧面站立，且右手（以右手为例）突然抓向我方人员衣领时，我方人员应用左手快速扣住对方右手拇指由右向左反关节制动对方手腕，右手四指紧贴其掌心，大拇指扣其掌背，两手同时向左下方发力折压，即可脱离对方的控制。（图 3-2-20～图 3-2-23）

图 3-2-20   图 3-2-21

图 3-2-22   图 3-2-23

方法六：当行为人与我方民航安保人员正面站立，且右手（以右手为例）突然迎面向我方人员胸（肩）抓去时，我方人员应右手四指紧抓对方手掌外沿，拇指紧扣对方大拇指，使其固定在我方人员的胸（肩）处。左手握拳从左侧向上抬起，利用尺骨用力下压对方右手肘关节，迫使对方降低重心，同时身体右转撤步，牵拉对方向前摔倒，即可完成解脱。（图 3-2-24 ~ 图 3-2-26）

图 3-2-24

图 3-2-25

图 3-2-26

（三）单手被抓发的解脱技术

方法一：当行为人面对我方民航安保人员，且其右手（以右手为例）突然从正面抓住我方人员头发时，我方人员应迅速以双手掌心向下（左手在下右手在上）重叠按压对方右手掌，尽量将对方抓发的手掌与我方人员头皮贴紧以缓解头皮疼痛，以我方人员双手掌下沿向前下方折压对方右手腕，随即右脚撤步，同时身体前倾低头，左手顺势牵拉其肘关节，迫使对方向前俯身趴地，紧接着移至对方右侧，左手以尺骨按压其肩关节，之后随即摆脱对方的控制。（图 3-2-27 ~ 图 3-2-30）

图 3-2-27

图 3-2-28

图 3-2-29

图 3-2-30

　　方法二：当行为人与我方民航安保人员正面发生冲突，且对方的攻击手（以右手为例）从正面紧抓我方人员头发不放时，我方人员应快速调整身位，两脚前后站立，以双手掌心向下（左手在下右手在上）重叠按压对方右手掌，尽量将对方抓发的手掌与我方人员的头皮贴紧以缓解头皮疼痛，随即以双手掌下沿向前下方折压对方右手腕，顺势以前脚弹踢（或弹蹬）对方的裆部，快弹快收，迫使对方产生疼痛，之后我方人员快速完成解脱。（图 3-2-31～图 3-2-33）

图 3-2-31

图 3-2-32

图 3-2-33

（四）单手被掐颈的解脱技术

在实战场景中，当行为人与我方民航安保人员发生正面冲突，且对方右手突然掐住我方人员的颈喉，试图进一步升级暴力行为时，我方人员应用左手快速抓握对方的大拇指，由右向左用力掰扯，同时右手抓住缝隙推按对方其余四指，向外侧旋拧对方手腕完成手腕反关节制动，便可顺势快速解脱行为人控制。（图 3-2-34~图 3-2-36）

图 3-2-34　　　　　图 3-2-35　　　　　图 3-2-36

（五）适用于多种场景的解脱技术

1. 痛点按压解脱

动作要领：当行为人与我方民航安保人员正面（或侧面、或背面）站立，且右手突然抓握我方人员胸（肩）、头发，或从后面勒我方人员颈喉等部位时，我方民航安保人员应用左手抓握对方手腕，右手握拳，利用第二指关节猛力下压行为人手背，迫使对方产生疼痛，完成解脱控制。

2. 撅指折腕解脱

动作要领：当行为人与我方民航安保人员发生冲突和争执，且对方右手突动作要领：然从正面掐住我方人员颈喉或者胸（肩）时，我方民航安保人员在受到行为人右手突击时，左掌紧贴对方手背，五指扣住对方大拇指，将其外翻朝上；右手拇指迅速贴于对方手背，四指扣于掌心，两手合力向反方向撅指折腕，迫使对方顺着疼痛降低重心，完成解脱控制。

二、双手被抓腕、抓衣、抓发、掐颈解脱技术

（一）双手被抓腕的解脱技术

方法一：当行为人与我方民航安保人员相对而立，且双手突然从正面自上而下抓握我方人员右手时，我方人员左手应迅速从对方两臂之间伸入，抓握住自己的右手，此时借助左手力量，双手向上向自己身体方向撬转发力，肘关节顺势撞击对方胸部或面部，使右腕从对方双手虎口开口方向脱出，即可解脱。（图 3-2-37~图 3-2-39）

图 3-2-37   图 3-2-38   图 3-2-39

方法二：当行为人从正面接近我方民航安保人员，对方突然自下而上抓握我方人员右臂时，我方人员左手应迅速从下伸出，并与右手相合，双手向左、向下的方向撬转发力，同时身体左转，两臂屈肘回拉，使右腕从对方双手虎口开口方向脱出，即可挣脱对方的控制。（图 3-2-40~图 3-2-42）

图 3-2-40　　　　　　　图 3-2-41　　　　　　　图 3-2-42

（二）双手被抓衣的解脱技术

方法一：当行为人与我方民航安保人员相对而立，且双手突然从正面抓扯我方人员胸部或肩部时，我方人员应快速将右手从对方两臂之间穿过，抓握住自己的左手，随即双手屈臂抬肘，迫使对方右臂向上扭转，使对方松手。右手可以借扭转之势肘击对方左侧面部，迫使对方摆头，松开控制手。（图 3-2-43 ~ 图 3-2-46）

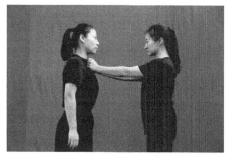 

图 3-2-43　　　　　　　　　　　　图 3-2-44

图 3-2-45　　　　　　　　　　　　图 3-2-46

（三）双手被抓发的解脱技术

方法一：当行为人与我方民航安保人员相对而立，且对方的双手迎面抓向我方人员头发时，我方人员应迅速双手掌心向下交叠按压对方右手掌，将其固定在自己头顶，尽量将对方抓发的手掌与自己的发根紧贴固定，同时利用第二指关节用力按压对方手背上，迫使对方掌背产生疼痛而松手，随即完成解脱。（图3-2-47~图3-2-48）

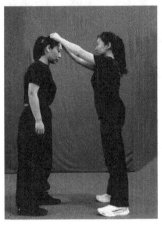 

图3-2-47　　　　　　　图3-2-48

方法二：当行为人与我方民航安保人员相对而立，且双手突然从正面抓住我方人员头发时，我方人员应快速双手扣住对方双手手心内沿，尽量将对方抓发的手掌与自己的发根贴紧固定，随即双手同时由内向外旋拧发力，使其腕关节产生疼痛而松手，之后快速用右腿弹踢对方裆部，即可摆脱控制。（图3-2-49~图3-2-52）

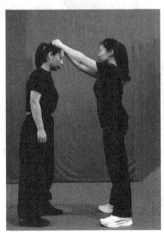 

图3-2-49　　　　　　　图3-2-50

图 3-2-51   图 3-2-52

（四）双手被掐颈的解脱技术

方法一：当行为人与我方民航安保人员发生冲突，且对方双手突然从正面掐锁我方人员的颈部时，我方人员右手应快速从对方双臂间斜向上穿并抓握住对方右掌掌背，左手拇指扣其掌背，其余四指扣其掌心，由外向内旋拧其腕关节，之后身体移至对方右侧，同时双手合力折压其腕关节，使其产生疼痛完成解脱。（图 3-2-53 ~ 图 3-2-55）

图 3-2-53   图 3-2-54   图 3-2-55

方法二：当行为人与我方民航安保人员面对面发生肢体冲突，且对方双手突然迎面掐住我方人员颈部时，我方人员应迅速收紧下颌，减少喉咙暴露在外的区域，随即右手快速握拳，身体左转的同时右臂迅速由右向上向左下方逆时针盘肘，以右大臂盘压对方手腕关节进行解脱。（图 3-2-56 ~ 图 3-2-57）

图 3-2-56　　　　　　　　　　　图 3-2-57

　　方法三：在实战场景中，当我方民航安保人员倒地，行为人骑压在我方人员身上，且双手从正面掐住我方人员颈部时，我方人员应双手握拳交叉，然后从对方两臂之间穿过，并用前臂用力撞击对方手腕，使其双手向两侧脱落。随即我方人员立即挺腹，抬腿，顶膝，挺髋，顶膝，撞击对方后侧，迫使对方重心前移，俯身趴地，之后快速起身完成解脱。（图 3-2-58 ~ 图 3-2-60）

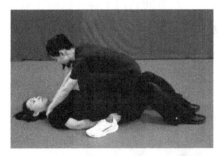

图 3-2-58　　　　　　　　　　　图 3-2-59

图 3-2-60

（五）适用于多种场景的解脱技术

1. 撅指解脱技术

　　动作要领：一般在低武力推搡抓扯时，即当我方民航安保人员腕、肩、胸、颈部被行为人双手控制时，我方人员可迅速抓握住对方单个手指，用力将其指关节向反方向掰扯，随后顺势解开控制，或衔接反拿控制。

2. 痛点按压解脱技术

动作要领：推搡抓扯或其他行为人低武力消极对抗场景中，我方民航安保人员应双手迅速握拳，借助第二处指关节，用力击打或按压对方的手背痛点、桡侧神经等位置，使其产生疼痛，失去对我方人员的控制，从而松开双手。

【技能训练】

（一）学员一对一喂靶练习

学员在实训场馆内一对一进行练习，面对面成两排相对而立，一排为操作手，另一排为配手。教师下达指令后，配手一方抓握操作手一方的手腕，后操作手一方后迅速做出相应的解脱技术，并根据配手一方攻击迅速判断出正确的解脱技术，并完成实施。

（二）学员一对一反应练习

学员在实训场馆内进行一对一练习，面对面成两排相对而立，一排为操作手，另一排为配手。教师下达指令后，配手一方随机以单手或双手抓握操作手一方的任一手腕部位，操作手一方迅速做出正确的判断并进行解脱。

（三）学员多对一反应练习

学员5~6人为一组，在实训场馆内进行多对一反应练习，指定一名学员为操作手，其他学员为配手，配手学员一路纵队站立，操作手在第一名学员正前方相对而立。教师下达指令后，第一名配手上前随机以单手或双手抓握操作手的任一手腕部位，操作手迅速做出正确的判断并进行解脱；第一名配手做完后迅速站到最后一名配手后面，第二名配手随即上前随机抓握操作手的任一手腕部位，操作手再迅速做出正确的判断并进行解脱。待每名配手循环一遍后，第一名配手与第一名操作手进行交换，依次循环进行练习。

三、正面被搂抱解脱技术

（一）正面双手被搂抱的解脱技术

方法一：在实战场景中，当行为人与我方民航安保人员面对面站立，且对方突然迎面搂抱住我方人员时，我方人员应将双手掌根抵住对方髋关节，并向前用力推按，提膝撞击对方裆部，迫使对方产生疼痛，迅速向后撤步，展开戒备姿势。（图

3-2-61~图 3-2-63）

图 3-2-61　　　　　　图 3-2-62　　　　　　图 3-2-63

　　方法二：在实战场景中，当行为人与我方民航安保人员面对面站立，且对方突然从正面抱住我方人员时，我方人员应迅速贴近对方并反抱其腰部，猛力回拉对方腰部的同时，左肩顶对方胸部向右下方向压，右脚从外向内回别对方的左脚，迫使对方失去重心向后倒地，之后迅速脱离控制。（图 3-2-64~图 3-2-66）

图 3-2-64　　　　　　图 3-2-65　　　　　　图 3-2-66

（二）正面被搂腰的解脱技术

　　方法一：在实战场景中，当行为人与我方民航安保人员面对面站立，对方突然从正面抱住我方人员（双手在外），且我方人员两臂在胸前时，我方人员应快速将重心下压，保持身体稳定，同时左手由其颈部后侧向前抓扣对方双目（鼻骨），用力向左侧牵拉，随即右手顺势推其下颚骨，迫使其重心后仰，之后立即与其拉开距

离，完成解脱。（图 3-2-67 ~ 图 3-2-69）

图 3-2-67

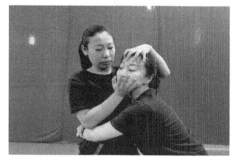

图 3-2-68　　　　　　　　　　　　图 3-2-69

（三）适用于多种场景的解脱技术

1. 踢裆绊摔解脱技术

实战场景：当行为人与我方民航安保人员发生冲突，并且突然从正面抱住我方人员双手（或腰部）时。

动作要领：当我方民航安保人员在受到正面的搂抱突击时，我方人员迅速提膝撞击行为人裆部，迫使对方向前俯身或向后仰身，随即衔接别摔技术，将对方控制在地面。

2. 正面推击对方解脱技术

实战场景：当行为人与我方民航安保人员发生冲突，并且迎面抱住我方人员双手（或腰部）时。

动作要领：当我方民航安保人员在受到行为人迎面搂抱突击时，我方人员双手迅速合抱，推击对方的面部，可短时间丧失视觉观察能力，进而迫使对方向后仰身，随后可快速移动至对方身后，进行绊摔或别肩控制。

四、侧面双手被搂抱解脱技术

（一）侧面被搂抱的解脱技术

方法一：在实战场景中，当行为人站在我方民航安保人员侧后方，且对方突然从右侧抱住我方人员（双手在内）时，我方人员立即降低重心，右手顺势拍击对方裆部，趁对方控制力和抵抗能力下降时迅速完成解脱。（图3-2-70～图3-2-71）

图 3-2-70   图 3-2-71

方法二：在实战场景中，当行为人站在我方民航安保人员侧后方，且对方突然从右侧抱住我方人员腰部时。我方人员应迅速降低重心，同时，左手抓握其右手，固定在我方人员腹前，右臂屈臂抬肘向斜后方横击对方面部，迫使对方产生疼痛向后仰身，随即可以成功解脱。（图3-2-72～图3-2-74）

图 3-2-72   图 3-2-73   图 3-2-74

方法三：在实战场景中，当行为人突然从左侧抱住我方民航安保人员腰部时，我方人员应迅速将左手从对方左腋下穿过，由后向前做绕环，并经过对方肩上，随即右手上抬抓握左手，同时用力下压其肩关节，反关节控制对方右臂，完成解脱。（图 3-2-75 ~ 图 3-2-77）

图 3-2-75　　　　　　图 3-2-76　　　　　　图 3-2-77

（二）适用于多种搂抱场景的解脱技术

1. 下潜抱腿别摔解脱技术

动作要领：当我方民航安保人员被行为人正面或侧面搂抱时，我方人员应立即屈臂抬肘，屈膝下蹲、降低重心；双手快速抱起对方前腿，左臂将其圈住；右手从对方两腿内侧穿过，经停在对方右腿膝窝，随即左手带动对方左腿向左侧转动，右肩前顶对方髋关节，右手用力回别对方右膝，使其失去重心，向后倒地，最终完成解脱。

2. 抱背过背摔解脱技术

动作要领：当我方民航安保人员被行为人抱背时，我方人员应意即锁扣住对方右臂，右臂抱紧对方的背部，身体左旋，继而两腿蹬伸，提臀，弯腰；在对方重心离地的瞬间，拧腰变向，将其摔倒。

【技能训练】

（一）学员一对一喂靶练习

学员可在实训场馆内、场外空地、狭长隧道内相对而立或相向而立进行一对一练习，一名学员为操作手一方，另一名为配手一方。教师下达指令后，配手一方由前面或侧面环抱住操作手一方的腰背部，操作手一方按照要求迅速做出正确的解脱技术。两人一组，可多组同时进行练习。

（二）学员一对一反应练习

学员可在实训场馆内、场外空地、狭长隧道内相对而立进行一对一练习，一名学员为操作手一方，另一名为配手一方。教师下达指令后，配手一方随机由前面或侧面环抱住对方的腰背部，操作手一方迅速做出正确的判断并进行解脱。两人一组，可多组同时进行练习。

（三）学员多对一反应练习

学员 5~6 人为一组，在实训场馆内、场外空地、狭长隧道内进行多对一练习，指定一名学员为操作手一方，其他学员为配手一方，配手学员一路纵队站立，操作手在第一名学员正前方相对而立并闭上眼睛。教师下达指令后，第一名配手上前随机由前面或后面环抱住对方的腰背部，操作手一方睁开眼睛迅速做出正确的判断并进行解脱，解脱后继续闭上眼睛；第一名配手做完后迅速站到最后一名配手后面，第二名配手继续按要求进行练习，待每名配手循环一遍后，第一名配手与第一名操作手进行交换，依次循环进行练习，直至每名学员作为操作手练习完毕。

任务三　应对背后搂抱徒手防卫解脱技术

一、单手从后被拍肩解脱技术

方法一：当行为人右手由后抓住我方民航安保人员左肩部时，我方人员应迅速上抬右手并搭放在对方的手背上，使其固定在我方人员左肩，同时，左手由下向上直臂举至头顶，随即身体左转，左臂以对方肩关节为轴，由下向前，经上向后抡臂，再向上方抡臂别对方肩肘关节，迫使对方产生疼痛，松开双手的控制。（图 3-3-1~图 3-3-3）

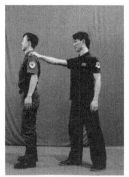  

图 3-3-1　　　　　　　　图 3-3-2　　　　　　　　图 3-3-3

方法二：当行为人右手由后拍我方民航安保人员左肩部时，我方人员应迅速将右手上抬并抓握住对方右手，身体向左后转身撤步，同时，左臂屈肘向后撞击对方腹部，随即左手由前向后屈臂穿过对方臂腋下，经过对方肩关节后侧，两手合力向下按压，便可脱离控制。（图 3-3-4 ~ 图 3-3-7）

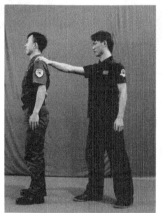 

图 3-3-4　　　　　　　　　　　　　图 3-3-5

图 3-3-6　　　　　　　　　　　　　图 3-3-7

二、单手从后被勒喉解脱技术

方法一：当行为人在我方民航安保人员身后，右手勒住我方人员颈部时，我方人员应迅速收紧下颚，右手抓握对方右小臂用力向下拉；对方顺势夹颈时，我方人员应立即身体向左后方撤步，左臂屈臂抬肘向后撞击对方腹部，迅速采用别肩折腕完成解脱。（图3-3-8～图3-3-10）

图3-3-8　　　　　　　　图3-3-9　　　　　　　　图3-3-10

方法二：当行为人右臂由后向前勒住我方民航安保人员颈部时，我方人员应迅速收紧下颚，双手快速抓住对方右小臂用力下拉，并将其右臂固定在自己的右肩上，同时，将背部紧贴对方身体，双手立即用力下拉其右臂，两腿蹬伸，提臀，身体前倾，低头，背摔对方，完成解脱。（图3-3-11～图3-3-13）

图3-3-11　　　　　　　　图3-3-12　　　　　　　　图3-3-13

方法三：当行为人右臂由后向前勒住我方民航安保人员颈部时，我方人员应迅速收紧下颚，右手快速抓住对方右小臂用力下拉，降低身体重心，身体向左后方转身撤步，右手控制其右臂，左手屈臂抬肘向后撞击对方肋骨下三寸部位，迫使对方向前俯身；左手快速由前向后穿过至对方面部，用力向后推压对方头部，使其重心后仰，完成解脱。（图3-3-14～图3-3-16）

图 3-3-14　　　　　　　　图 3-3-15　　　　　　　　图 3-3-16

三、被双手背后搂抱解脱技术

方法一：当行为人从背后搂抱我方民航安保人员，对方双手由后向前环抱住我方人员双臂和腰背部时，我方人员应迅速将重心下沉，同时，双臂迅速上抬，臀部向右侧挪动，左手顺势拍击对手的裆部，使其因裆部的疼痛而松脱对自己双臂的控制；我方人员右手应抓握对方右臂，左手由前向后绕环经停对方肩关节并用力下压，使对方因疼痛降低重心，我方人员完成解脱并有效控制行为人。（图3-3-17～图3-3-20）

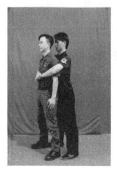

图 3-3-17　　　　　　图 3-3-18　　　　　　图 3-3-19　　　　　　图 3-3-20

方法二：当行为人从背后搂抱我方民航安保人员，双手由后向前环抱住我方人员双臂和腰背部时，我方人员头应迅速向后仰头，猛击对方面部；抬脚踩跺对方脚部或向后挥拳击打其裆部，迫使对方产生疼痛，我方人员完成解脱并有效控制行为人。（图 3-3-21 ~ 图 3-3-24）

| 图 3-3-21 | 图 3-3-22 | 图 3-3-23 | 图 3-3-24 |

方法三：当行为人从背后搂抱我方民航安保人员，对方双手由后向前环抱住我方人员双臂和腰背部时，我方人员应迅速将重心下沉，身体向前俯身低头，双手从两腿之间抱住对方脚踝向上抬起；顺势屈膝下坐，使对方失去重心向后仰身倒地，我方人员即可完成解脱控制。（图 3-3-25 ~ 图 3-3-27）

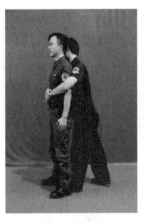  

| 图 3-3-25 | 图 3-3-26 | 图 3-3-27 |

方法四：当行为人从背后搂抱我方民航安保人员，对方双手由后向前环抱住我方人员双臂和腰背部时，我方人员迅速将重心下沉，同时双手分别抓住其双臂，双腿蹬伸，提臀，弯腰，身体前倾下压，双手用力向下牵拉控制对方上臂，背摔行为人，我方人员即可解脱。（图 3-3-28 ~ 图 3-3-30）

图 3-3-28　　　　　　　图 3-3-29　　　　　　　图 3-3-30

四、被双手背后锁喉解脱技术

方法一：当我方民航安保人员被行为人从背后勒住颈部时，我方人员应双手快速抓握住对方右小臂，用力向下拉，降低重心；身体向左后方撤步，同时左手由下向上举至对方面部，右手由前向后经停对方右腿后侧，并将手掌搭放在对方右腿膝腘窝处，双手交错发力，使对方失去平衡，我方人员即可完成解脱。（图 3-3-31～图 3-3-34）

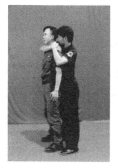

图 3-3-31　　　　　图 3-3-32　　　　　图 3-3-33　　　　　图 3-3-34

【技能训练】

（一）学员一对一喂靶练习

学员可在实训场馆内、场外空地、狭长隧道内相对而立或相向而立进行一对一练习，一名学员为操作手一方，另一名为配手一方。教师下达指令后，配手一方由后实施单手或双手拍肩、勒喉、搂抱控制，操作手一方按照要求迅速做出正确的解脱技术。两人一组，可多组同时进行练习。

（二）学员一对一反应练习

学员可在实训场馆内、场外空地、狭长隧道内相对而立或相向而立进行一对一练习，一名学员为操作手一方，另一名为配手一方。教师下达指令后，配手一方随机由后使用单手或双手拍肩、勒喉、搂抱控制，操作手一方迅速做出正确的判断并进行解脱。两人一组，可多组同时进行练习。

【案例回放】

民航资源网 2019 年 5 月 23 日消息：5 月 20 日晚，在福州航空 FU6509 福州—昆明航班的下降关键阶段，发生一起疑似精神病患旅客冲击舱门、敲打舷窗、殴打乘务员及安全员的事件。福航机组人员反应迅速、处理得当，成功将该名旅客制伏，保障了航班安全，一名乘务员在处置过程中受轻微伤，无旅客伤亡。

当天晚上 19 时许，乘坐福州航空 FU6509 航班的旅客正在有序登机，当班安全员赵文辉凭借着敏锐的观察能力，察觉到一名旅客似乎有些异常。该男性旅客年约 50 岁，无亲朋陪伴，腰间衣物上有斑斑血迹，眼神有些迷离。凭借两年"雪豹"特种部队的训练经历及近 3 年公司安全员职业实践，赵文辉判断此名旅客有问题。为此，他对该旅客进行了异常行为识别，将其作为巡舱重点监控对象，并向航班乘务长通报了这一情况。

在飞机将要落地前的 40 分钟，这名旅客开始出现异常举动。旅客当时激动地前往服务间，要求乘务员给其家人拨打电话，尽管乘务员耐心解释此时机上没有信号，无法拨打，但旅客却不予理会，只是不断重复自己的诉求。在诉求没有得到满足后，旅客又开始在客舱内踱步，并大声散播可能扰乱客舱安全的不实言论，引起周围旅客关注。乘务长及安全员不断对其耐心劝说，并将旅客的座位由 60J 调至 31C，由安全员坐其旁边全程监控，并通过聊天的方式试图转移他的注意力，但此时，旅客的情绪非但没有稳定，反而愈加暴躁。

在飞机落地前 10 分钟左右，危险的情况发生了。该旅客突然起身冲向前服务间，企图打开 R1 舱门，安全员反应迅速，根据紧急避险原则，采取徒手控制措施，将该旅客带回座位。回到座位后，旅客依然情绪激动，不配合安全员做出的系好安全带等指令，仿佛失去控制般大吼大叫起来，同时出现了用力踩地板、用手机敲砸舷窗、敲击座椅等行为，甚至开始攻击安全员，并试图抢夺安全员的执勤记录仪。

此时正处于航班落地的关键阶段，客舱内旅客出现骚动的情况，存在着飞机配载不平衡的风险。乘务员与安全员紧急联动，通过广播及警示要求其他旅客立即回到原位坐好，此时该旅客仍在散播扰乱客舱秩序、危害飞行安全的言论，并无视警告，使用蹬踹、撕咬等方式攻击安全员及协助处置的乘务员的裆部、头部等关键部位。鉴于此时飞机处在"危险十一分钟"的极其关键时期，机组成员及前来帮助的旅客对该名人员采用了徒手制伏并采取保护性约束措施，以确保飞机安全直至落地。落地后，机组人员在第一时间将人员、证物移交给了机场公安。

（案例来源：民航资源网，福州航空成功处置一起扰乱客舱秩序事件，http://finance.sina.com.cn/roll/2019-05-23/doc-ihvhiews3952440.shtml，2019-05-23）

【案例评析】

机组人员在实际工作中会时常遇到类似上述案例中扰乱客舱秩序的突发事件，或是一些相对更恶劣的行为，这将直接影响航空器的正常飞行和机上人员的人身财产安全。为了确保航空器的绝对安全，航空安全员必须具备客舱防卫中的突袭控制技术，以在最短的时间内，在违法犯罪嫌疑人毫无防备或根本来不及防备的情况下，快速突袭，以主动控制的技术快速有效地将其控制，以确保航空器和机上人员的安全。

任务四　徒手制止暴力行为人的关节控制技术

一、腕关节控制技术

折腕是反关节控制的重要技术内容，它主要针对人体腕关节，是实施者通过缠、拧、折、压、旋等技术动作，迫使腕关节脱离正常的活动范围和生理机制运转，导致筋骨过度地错位，从而起到拿一点制全身的目的。

（一）拉肘折腕控制技术

动作要领：我方民航安保人员由前接近对方，左脚向前迈步经停对方右脚外侧，左手由外向内抓握其腕关节，右手由前从其右臂内侧插入抱住对方肘关节，随即右手回拉其肘关节并用胸部顶住固定，左手上举其腕关节，之后右手配合用力对折腕

关节形成控制。（图 3-4-1 ~ 图 3-4-3）

动作要求：右手回拉不拖泥带水，肘关节紧贴自身并固定，左手向上托举后迅速衔接折腕，实施过程中要快、准、狠且不给对方留反抗余地。

应用：主要用于行为人意识松懈或未携带凶器时；或者用于民航安保人员从侧面接近行为人的突袭时；或者用于与行为人面对面站立时的场景。

图 3-4-1　　　　　　　图 3-4-2　　　　　　　图 3-4-3

（二）金丝缠腕控制技术

动作要领：当我方民航安保人员在被行为人抓住右手手腕时，我方人员应左手应由前迅速抓握对方手掌，使其固定在右手上方，右手以腕关节为轴，做顺时针旋转反抓对方右手手腕，同时左手屈肘夹住对方肘关节防止弯曲，右手用力朝斜下发力，使对方因疼痛而失去重心形成控制。（图 3-4-4 ~ 图 3-4-7）

动作要求：干净利落，左手抓固要结实稳定，右手刁腕拧压要快速，身体配合要协调。

应用：主要用于行为人与我方民航安保人员进行推搡、抓扯等冲突的场景。同时，金丝缠腕由于动作幅度小，速度快，所以在实战对抗中依然能够配合其他的技术发起主动进攻。

图 3-4-4　　　　　图 3-4-5　　　　　图 3-4-6　　　　　图 3-4-7

（三）携臂扣腕控制技术

动作要领：当我方民航安保人员从后方接近对方，左脚向前上步并落在对方右脚后侧，左手由后从其右臂腋下插入并抓扣对方右手肘窝回拉，右手由后从其右臂外侧抓住对方手腕，向上推举成屈臂状态，随即左臂和右臂携住对方右大臂，两手合力扣压对方手腕，控制对方。（图3-4-8～图3-4-11）

动作要求：左手穿肩回拉要迅速，携臂要牢固，双手合抱扣腕要配合一致。

应用：主要用于行为人在大、中型机场，阻碍我方民航安保人员正常工作的场景。同时，我方安保人员可迅速靠近控制行为人，以减少对方对公共场所造成的影响。

图3-4-8　　　　图3-4-9　　　　图3-4-10　　　　图3-4-11

（四）撅指折腕控制技术

动作要领：我方民航安保人员从右后侧接近行为人，左手由后从其右臂前侧抓住其拇指，右手由后从其右臂后侧抓住其掌根，同时右脚向前迈步至对方前侧，身体向左转体面向对方，随即两手合力向前折压对方手腕，使对方因疼痛而失去重心形成控制。（图3-4-12～图3-4-14）

动作要求：左手抓握迅速，右手紧扣掌根，上步转身协调一致，双手合力折腕要狠。

应用：主要用于机场（机场商场、狭长隧道、登机口）等空间较小的场景。该技术幅度小，控制强，实施过程中可乘其不备控制暴力行为人。

图 3-4-12 　　　　图 3-4-13 　　　　图 3-4-14

【技能训练】

（一）学员一对一喂靶练习

学员可在实训场馆内、场外空地、狭长隧道内相向而立进行练习一对，一名学员为操作手一方，另一名为配手一方。教师下达指令后，操作手一方由后上前按照要求使用某一技术控制住配手一方的腕关节。两人一组，可多组同时进行练习，先分解后完整进行。

（二）学员一对一反应练习

学员可在实训场馆内、场外空地、狭长隧道相向而立进行一对一练习，一名学员为操作手一方，另一名为配手一方。教师下达指令后，操作手一方由后上前随机使用任一所学基本技术控制住配手一方的腕关节。两人一组，可多组同时进行练习。

二、肘关节控制技术

（一）拉肘别臂控制

动作要领：我方民航安保人员从正面左手由前快速插入其右臂内侧，掌心朝上，并顺势向上托举其右臂，右手由前快速伸出并抓住其肘关节外侧，且回拉其肘关节，使对方屈肘，同时我方人员身体移至对方右后方，随即左手顺势上穿至其肘关节处，并扣抓其右肘关节上侧肱三头肌部位，右手抓握自己的左手，合力向右下方旋压对方右臂，完成控制。（图 3-4-15~图 3-4-17）

动作要求：前脚迈步要迅速转至体侧，左右手回拉要干净利索，双手合抱别压要狠。反复练习动作，直至熟练掌握。

应用：适用于在机场大厅因妨碍机场秩序以及持有危险器械但意识松懈的危险人员。运用过程需要降低对方警惕性，迅速突袭对方的反关节部位，完成控制技术。

注意：该动作也适用于我方民航安保人员从行为人侧后方实施控制技术。

图 3-4-15　　　　　　　　图 3-4-16　　　　　　　　图 3-4-17

（二）直臂压肘控制技术

动作要领：我方民航安保人员抓住行为人左臂，双手由两侧上举并经停对方左臂肘部，且将其固定至自己右肩上，随即左脚后撤半步，降低身体重心，双手用力按压其肘关节，完成控制。（图 3-4-18 ~ 图 3-4-20）

动作要求：迈步要迅速，站位要准确，挂肩抢先要迅速，下压肘关节要狠。

应用：主要用于机场大厅内，行为人妨碍我方民航安保人员正常工作，并对我方人员进行推搡、攻击的场景。

图 3-4-18　　　　　　　　图 3-4-19　　　　　　　　图 3-4-20

（三）屈臂别肘控制技术

动作要领：我方民航安保人员下降重心顺势前倒下压至对方躯干部位，同时左手快速抓握对方左手手腕，使其手臂与地面呈90°，左膝顺势垂直向下跪压其右肩窝，之后右手经其左臂外侧向内穿过，抓住左手手腕，同时借助身体优势和杠杆原理下压对方左臂完成控制。（图3-4-21~图3-4-22）

动作要求：左手抓握，右手穿过肘关节要迅速，两手协同按压要稳、准、狠。

应用：主要应用于在机场大厅内，行为人扰乱机场秩序被民航安保人员控制地面上的场景。由于屈臂别肘幅度大，限制条件多，所以在实战中使用该技术需要配合其他的控制手段。

图3-4-21   图3-4-22

【技能训练】

（一）学员一对一喂靶练习

学员可在实训场馆内、场外空地、狭长隧道内相向而立进行一对一练习，一名学员为操作手一方，另一名为配手一方。教师下达指令后，操作手一方由后上前按照要求使用某一技术控制住配手一方的肘关节。两人一组，先分解后完整，可多组同时进行练习。

（二）学员一对一反应练习

学员可在实训场馆内、场外空地、狭长隧道相向而立进行一对一练习，一名学员为操作手一方，另一名为配手一方，教师下达指令后，操作手一方由后上前随机使用任一所学基本技术控制住配手一方的肘关节。两人一组，可多组同时进行练习。

三、肩关节控制技术

（一）屈臂别肩控制技术

动作要领：我方民航安保人员从正面接近行为人，右脚上前迈步至对方左脚外侧的同时，右手由前插入其左臂内侧，并顺势向上握住其肘关节，使其小臂紧贴我方人员肘关节，左手由前握住对方肘关节上三寸位置。随即右手屈臂上抬并下压其肘关节，使其左臂向内旋拧，左手顺势回拉其左臂后，迅速抓住其手腕并向上回拉，迫使对方肩部感到疼痛，形成肩关节的控制。（图3-4-23~图3-4-25）

动作要求：两手穿肩的位置要精准，前后配合要协调有序，回拉与抓握要迅速，别肩要有力。

应用：主要适用于我方民航安保人员快速突袭精神疲劳和身体素质较差的行为人。

图3-4-23   图3-4-24   图3-4-25

（二）抱臂推颈控制技术

动作要领：我方民航安保人员在受到行为人低武力攻击时，迅速将左手快速屈臂握拳并向上格挡护住头部，同时左臂顺势由上向下夹住对方进攻手臂的肘关节，将其右臂固定在我方人员左肩上，随即右手斜向下直臂推按对方的头颈部位，之后两手用力下压对方手臂和头颈部位，使其感受肘关节疼痛并向一侧倾斜。（图3-4-26~图3-4-28）

动作要求：屈臂格挡时机要准确，夹肘要及时，右手推按要狠，注意力要集中。

应用：在机场大厅对方因行李、登机、纠纷等问题妨碍我方民航安保人员正常工作，并且肆意攻击我方人员时，可使用该技术。

图 3-4-26

图 3-4-27

图 3-4-28

（三）抢臂上抄控制技术

动作要领：当行为人撕扯我方民航安保人员的衣领时，我方人员应迅速将左手屈臂上抬抓住对方的右手，并将其右手固定在我方人员衣领处的同时，身体略左转，右手以肩为轴由右向左直臂上举并抢至左下方，之后右臂立即向对方胸前抄抱，使对方肘、肩关节活动受制。（图 3-4-29 ~ 图 3-4-32）

动作要求：左手抓扣要紧凑，右手以肩为轴，右臂上抄要用力。

应用：当行为人扰乱公共社会秩序，或者言语辱骂、推搡、抓扯我方民航安保人员，劝阻无效后，可使用该技术。

图 3-4-29

图 3-4-30

图 3-4-31

图 3-4-32

【技能训练】

（一）学员一对一喂靶练习

学员可在实训场馆内、场外空地、狭长隧道内相向而立进行一对一练习，一名学员为操作手一方，另一名为配手一方。教师下达指令后，操作手一方由后上前按照要求使用某一技术控制住配手一方的肩关节。两人一组，先分解后完整，可多组同时进行练习。

（二）学员一对一反应练习

学员可在实训场馆内、场外空地、狭长隧道相向而立进行一对一练习，一名学员为操作手一方，另一名为配手一方。教师下达指令后，操作手一方由后上前随机使用任一所学基本技术控制住配手一方的肩关节。两人一组，可多组同时进行练习。

四、膝、踝关节控制技术

（一）折踝控制技术

动作要领：我方民航安保人员在暴力行为人倒地后，立即移动到对方身后，单膝下蹲，左右手抓住对方双脚向上抬起，左右交叉后顺势用右手用力按压对方的左脚背外侧，左手用力按压对方的右脚背外侧，随后两膝用力固定对方双腿，双手向前用力推按对方的脚踝。（图3-4-33~图3-4-36）

动作要求：双手抓握要精准有序，折踝动作要快、准、狠。

应用：主要用于对方已被摔倒在地，或我方队友已对暴力行为人的躯干部位进行控制以后。

图3-4-33

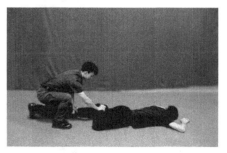

图3-4-34

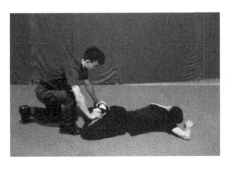
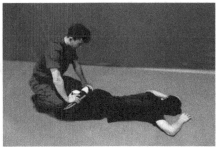

图 3-4-35   图 3-4-36

（二）直踝锁控制技术

动作要领：当行为人仰身倒地后，并试图用右腿踹我方民航安保人员时，我方人员应左手自外向内圈住对方右小腿，并用左臂和前锯肌用力固定对方右脚，右手顺势扣住对方右腿膝盖上方。我方人员随即降低重心，屈膝下坐，右腿扣住对方膝关节上五寸位置，左脚向前用力蹬对方身体右侧，并寻找着力点，同时身体向左侧倒地，反关节控制对方脚踝，迫使产生疼痛，完成控制。（图 3-4-37～图 3-4-39）

动作要求：左手搂抱要干脆利落，右脚控制要牢固，左脚蹬踩要用力，倒地后迅速衔接对拉。

应用：主要适用于在实战过程中身体素质一般，反抗意识较弱的违法行为人。

图 3-4-37

图 3-4-38   图 3-4-39

五、压点控制技术

（一）眶内神经控制技术

动作要领：我方民航安保人员悄然无声地接近行为人身后，双手从行为人头部两侧穿过，由前向后用力拍击、横击对方眶内神经，迫使对方失去重心，待对方向后仰头倒地，或者俯身倒地时，迅速衔接反拿控制。（图3-4-40~图3-4-41）

动作要求：双手向后拍击要快速有力。

应用：适用于在机场狭长隧道时，行为人严重影响机场治安秩序，并且有意阻碍、攻击民航安保人员工作时。

图3-4-40　　　　　　　　　　　　图3-4-41

（二）下颚骨角控制技术

动作要领：我方民航安保人员从后侧接近行为人，左手环抱对方头部，顺势向后回拉，右手五指并拢，用力推按对方下颚骨，使其感到距离疼痛和反应，进而完成有效的控制。（图3-4-42~图3-4-44）

动作要求：击打部位要准确，掌根朝前，发力要短促有力。

应用：适用于在机场狭长隧道时，行为人严重影响机场治安秩序，并且有意阻碍、攻击民航安保人员工作时。

图3-4-42　　　　　　　　　　　　图3-4-43

图 3-4-44

（三）肩胛上端神经控制技术

动作要领：我方民航安保人员双手立掌，快速且短促发力向下砍击行为人的肩胛上端神经，使其对方失去该侧手臂的知觉控制。（图 3-4-45～图 3-4-46）

动作要求：击打的位置要准确，击打力度要快、狠、有力。

应用：主要适用于在机场大厅或狭长隧道时，行为人情绪激动，且有一定的行为暴力时。

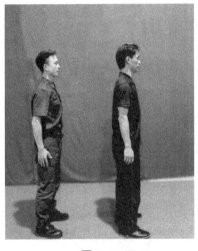
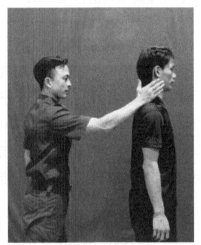

图 3-4-45   图 3-4-46

（四）桡侧神经控制技术

动作要领：我方民航安保人员从后侧接近行为人，我方人员右手虎口朝前从行为人右臂外侧握住对方手腕，左手由后向前插入其右臂内侧，至对方右小臂上方；左手尺骨用力向下按压，右手向上提拉交错发力，使其产生疼痛，完成控制。（图 3-4-47～图 3-4-48）

动作要求：按压、击打的位置要准确、迅速、有力。

应用：当我方民航安保人员遇到因飞机延误、无法登机、行李丢失等问题，而导致情绪失控的行为人，多次劝阻无效后可酌情使用该技术。

 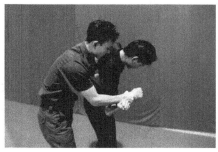

图 3-4-47　　　　　　　　　　　　　　图 3-4-48

（五）腓骨神经控制技术

动作要领：我方民航安保人员从后侧接近行为人，右手由后抓住其右臂，左手控制其肩膀，随即右腿快速提膝撞击对方髂胫束，完成控制。（图 3-4-49）

动作要求：实施过程符合法律程序，撞击要快、准、狠。

应用：行为人低武力对抗，劝阻无效后，可酌情使用。

图 3-4-49

【技能训练】

（一）学员一对一喂靶练习

学员可在实训场馆内、场外空地、狭长隧道内进行一对一练习，一名学员为操作手一方，另一名为配手一方。教师下达指令后，操作手一方由后上前按照要求使用某一压点技术击打配手穴位。两人一组，先分解后完整，可多组同时进行练习。

（二）学员一对一反应练习

学员可在实训场馆内、场外空地、狭长隧道内进行练习，一名学员为操作手一方，另一名为配手一方。教师下达指令后，操作手一方由后上前随机使用任一所学基本的压点技术击打穴位。两人一组，可多组同时进行练习。

【案例回放】

中国民航网 6 月 11 日晚消息，北京首都机场 T3 航站楼内，一男子因不熟悉乘机流程，没换登机牌一直在大厅内等待登机广播，导致三次误机。得知原因后，恼羞成怒的他随即把火撒在航空公司工作人员身上，先跑到值机柜台争吵，后又用拖把殴打工作人员。民警赶到后将其制伏。记者昨日从警方获悉，机场公安局给予该旅客行政拘留 20 天并处 500 元罚款的处罚。

大厅等"通知"三次误机

13 日，首都机场 T3 航站楼国航值机柜台的一名工作人员向记者讲述，11 日晚上，一名身穿绿色短袖上衣的男子"一直在大厅内座位上坐着，没有办理登机牌，也没去候机大厅"，等过了登机时间，他才到柜台说自己本来要乘坐由北京到浙江的飞机，可是没坐上，要求改签，"他也没解释原因，也没问去哪里登机，直接要求改签，我们的同事就给他签了。"这样的情况发生了两次，当该男子第三次要求改签的时候，工作人员觉得不对劲，随即询问，"这时候他才说，没听见让他登机的广播，所以错过了三个航班。我们赶紧给他解释登记流程，要先换登机牌，再去候机厅等待登机。"

暴怒打柜员被拘 20 天

另一位工作人员称，男子听罢愣了两三分钟，随即满脸涨红地离开柜台。"后来不知道为什么，他就发怒了，先是向正在办业务的柜员扔矿泉水瓶，直接砸在柜员身上，然后又把柜台南侧一个易拉宝推倒。有工作人员上去阻拦，他抄起一个保洁用的墩布，就往对方腿上打"，工作人员被打倒在地，"这男的还不住手，继续用墩布打人，我们拦都拦不住。"记者看到事发时的监控录像，只见该男子挥动墩布不断殴打倒在地上的男员工。

对此，机场警方通报，接警后，民警迅速赶到现场将其制伏。男子洪某因为不熟悉登机流程三次误机后脑羞成怒殴打航空公司员工。根据规定，机场公安局给予该旅客行政拘留 20 天并处 500 元罚款的处罚。

（案例来源：男子连续误机三次打人泄愤，news.china.com/socialgd/100000169 /20160614/22862915.html）

【案例评析】

民航安保人员和工作人员在实际工作中经常会遇到个别乘客因情绪失控而对我方人员大打出手，甚至一度升级为暴力违法事件，我方人员可采用以下解决方式。

首先，保持冷静，观察时机。我方人员在遇到乘客情绪失控时首先应与其进行沟通和劝解，当沟通与劝解无效后，可根据乘客的反应迅速制订出下一步的方案，以防行为人对工作人员或其他乘客做出过激行为。

其次，充分采用战术配合。我方人员在发现行为人的违法行为时，应能够在最短时间内前往现场，增加人数优势。到达后，可依法对行为人实行单人对单人的控制手段，将其按倒在地。

任务五　应对倒地的防控技术

一、倒地防御技术

（一）俯身倒地的防御技术

动作要领：我方民航安保人员双手用力撑地使身体直立，左手保持不动，上身猛然发力并向右翻转，右手屈臂抬肘使肘关节向斜后方撞击迫使对方起身，若对方再次袭击，则顺势快速转换成正面仰躺姿势，双手向后撑地，两脚抬起朝向对方，利用蹬踹防止对方靠近我方人员身体，从而形成防御姿势。（图3-5-1～图3-5-3）

动作要求：转体迅速，有效肘击，蹬踹准确。

应用：适用于在机场大厅，违法行为人用力推倒我方民航安保人员，并试图骑压我方人员，以及行为人意图徒手伤害我方人员头颈部时。

图 3-5-1

图 3-5-2

图 3-5-3

（二）仰面倒地的防御技术

动作要领：我方民航安保人员仰面倒地后，团身，双手屈臂放置胸前，屈膝，双脚上抬，脚底朝向对方，在行为人进入我方人员攻击范围内，迅速蹬踹对方，防止对方近身。（图 3-5-4）

动作要求：根据行为人的进攻方向随时调整方向，与行为人时刻保持直线方向。

应用：适用于当我方民航安保人员在机场大厅工作，不慎被行为人推倒，仰着地时。

图 3-5-4

（三）侧面倒地的防御技术

动作要领：我方民航安保人员呈侧方向倒地，距行为人远端手臂屈肘撑地，小臂与身体呈三角形，行为人近端手臂屈肘上抬做格挡，内侧腿屈膝贴地，脚底朝向对方，外侧腿屈膝，脚踝内扣，全脚掌着地；屈肘撑地，抬臂，外侧腿跟步蹬地后撤，防止对方近身；找准时机内侧腿小腿迅速向支撑手方向起身迈步，支撑手肘关节顺势抬起，手掌撑地，双腿与支撑手呈三角形，顺势起身站立防守。（图3-5-5~图3-5-8）

动作要求：侧卧向后撤退手脚配合要协调，起身成三角形支撑，目光始终注视行为人。

应用：适用于民航安保人员在机场大厅工作时，不慎被行为人侧摔在地，且行为人试图踹击我方人员身体时。

图 3-5-5

图 3-5-6

图 3-5-7

图 3-5-8

【技能训练】

学员一对一喂靶练习

学员可在实训场馆内、场外空地、狭长隧道内进行一对一练习，一名学员为操作手一方，另一名为配手一方。教师下达指令后，配手一方将操作手一方摔倒后，操作手一方根据当前现状，迅速做出正确的判断，并运用合理的防御技术保护自身不受到伤害。两人一组，可多组同时进行练习。

二、上身位地面控制技术

（一）跪肩控制技术

跪肩是由站立转换成地面跪姿，在地面实施的一种反关节控制技术，该技术结合折腕、别肩等反关节控制技术动作将对方身体某个部位控制住，使其产生剧烈的疼痛，从而使行为人主动或被迫俯卧趴地。倒地后，我方民航安保人员屈膝下蹲将重心集中在膝关节处跪压对方的颈部或肩部，以此达到有效防卫与控制的效果。

1. 颈部跪压

动作要领：我方民航安保人员转移至行为人侧方位，重心下移，屈膝下蹲，左膝顶住对方肩关节，右手控制其右腕；身体左转，右手托举对方右臂至上方，左手顺势合力折压右腕，两腿夹住对方右臂，完成控制。（图3-5-9～图3-5-10）

动作要求：动作完成要干脆利落，技术连接要迅速有效。

应用：适用于行为人武力升级，民航安保人员多次劝阻无效后，用防卫技术将对方控制在地面，对方仍要起身反抗时。

 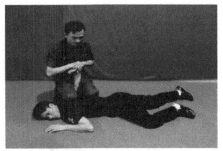

图3-5-9　　　　　　　　　　图3-5-10

2. 背部跪肩

动作要领：我方民航安保人员两脚迅速转移到对方体侧，右腿屈膝下蹲，膝关节跪压与对方同侧的肩部，左腿屈膝下蹲，膝关节跪压与对方同侧的腰部，两者协调一致，之后固定其肘关节，两手顺势折压其手腕，完成控制。（图3-5-11）

动作要求：转身要迅速，两膝固定位置要准确，两手辅助控制要协调。

应用：适用于行为人武力升级，民航安保人员多次劝阻无效后，用防卫技术将对方控制在地面，对方仍要起身反抗时。

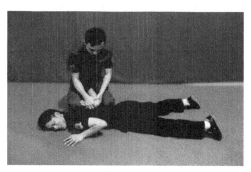

图 3-5-11

（二）高位骑压控制技术

动作要领：我方民航安保人员双脚快速移动至对方身体两侧，左膝跪压向下其右肩肩窝，右腿屈膝半蹲，右手抓握其左手的同时，将其肘关节固定在右腿上方，并借助杠杆原理按压对方左臂。（图 3-5-12）

动作要求：跪压动作要迅速、有力，要利用身体重心按压。

应用：适用于当民航安保人员在机场大厅、狭长隧道防卫行为人的攻击且将其摔倒在地，并呈仰躺姿势时。

图 3-5-12

（三）胸部交叉控制技术

动作要领：双方搏斗，对方仰面倒地后，我方民航安保人员将身体前倾并顺势做前倒姿势，身体用力下压对方的躯干，同时，两脚成剪式分开，右手由右向左从对方颈后穿过搂住对方的颈部，并抓住其右肩，左手用力抓握其右臂，左腿顶住其右臂肘关节，左手借助杠杆原理用力下压其右臂，完成控制。（图 3-5-13）

动作要求：下压夹颈动作要迅速，身体要紧贴对方，左手要巧妙使用杠杆原理。

应用：适用于当民航安保人员在机场大厅、狭长隧道等地方，对行为人的攻击进行有效防卫，将其摔倒在地，使对方呈仰躺姿势时。

图 3-5-13

（四）锁颈控制技术

动作要领：我方民航安保人员双脚迅速移至身体两侧，屈膝下蹲，身体骑压对方腰部，呈背后跨坐；我方人员右手立即从对方颈下穿过，勒颈，迫使对方向后仰身，左手将其左臂放于自己髋关节前侧，按压对方左臂，完成控制。（图 3-5-14）

动作要求：穿颈动作要快，锁颈上提动作要求准确有效。

应用：适用于当民航安保人员在机场大厅、狭长隧道遇到行为过激的违法行为人，我方人员在采用防卫与控制技术将其摔倒且呈俯身倒地姿势时。

图 3-5-14

（五）膝顶腹控制技术

动作要领：我方民航安保人员双脚迅速移至行为人身体两侧，降低重心，同时，左手直臂向下按压其右腕，左手推按其面部使其向一侧转头，右膝顶住对方腹部，左腿屈膝半蹲，使对方产生疼痛，完成控制。（图 3-5-15～图 3-5-16）

动作要求：双手固定位置和跪压位置要准确，动作完成要干脆利落，动作连接要快速有效。

应用：适用于当行为人严重妨碍机场公共安全，且仍有其他危险隐患行为时，我方民航安保人员将其有效控制后，对方呈俯身趴卧时。

 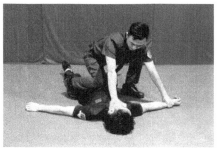

图 3-5-15　　　　　　　　　　　　　图 3-5-16

【技能训练】

学员一对一喂靶练习

学员可在实训场馆内、场外空地、狭长隧道内进行一对一练习，一名学员为操作手一方，另一名为配手一方。教师下达指令后，操作手一方根据所学的基本控制技术将配手一方摔倒后，随机做出上身位的地面控制技术。两人一组，可多组同时进行练习。

三、下身位地面控制技术

（一）倒地下身位正面双手掐喉解脱技术

动作要领：我方民航安保人员左手迅速握拳横向砸向对方手腕，使行为人双手向身体右侧滑脱；右手迅速抓握对方右臂肘关节上五寸的位置，并用腋下固定整个手臂，左手从对方颈后穿过并用力夹住，左脚从对方膝关节外侧向内绕环，固定其右脚，随后左手、左脚同时向左侧发力，髋关节向上挺，右腿伸直由右向左盖转，带动行为人转身，我方人员顺势处于上身位；我方人员双手在对方颈前交叉，右膝跪压对方腹部，完成控制。（图 3-5-17 ~ 图 3-5-21）

动作要求：砸击要快、准、狠，翻转发力要迅速、有效，要利用重心失衡顺势与行为人交换位置。

应用：我方民航安保人员不慎摔倒且被行为人压在身下，并被双手扼住喉咙时，我方人员可找准时机，使用该技术。

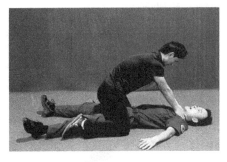

图 3-5-17

图 3-5-18

图 3-5-19

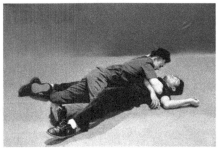

图 3-5-20

图 3-5-21

（二）前掐颈下身位转折踝压颈技术

动作要领：我方民航安保人员找准时机，迅速将双手在胸前呈交叉形式，向对方两臂中间穿出，随后双手握拳用尺骨敲击对方手臂，迫使对方双手松开；挺髋抬腿顶膝，使对方向前冲趴在地；我方人员身体迅速从对方两腿穿过，转身面向对方，两手顺势抓住其脚踝将其交叉，右脚向前迈步至其右侧，身体臀部垂直坐压对方脚踝，双手向前按压其后颈；右手将其右脚踝向上折叠下压，顺势骑压嫌疑人脚踝，身体前倾，双手用力按压对方颈脖，使其向一侧转头。（图 3-5-22～图 3-5-29）

动作要求：顶膝要狠，起身要迅速，利用行为人失去重心快速交换位置，折腕固定要有力。

应用：我方民航安保人员不慎处于下身位，且被行为人从前面掐着喉颈时，或行为人正面骑坐在我方人员腹部，且双手用力掐我方人员喉颈时，我方人员可找准时机使用该技术。

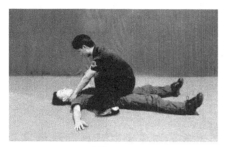

图 3-5-22

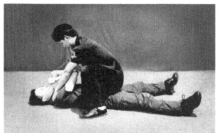

图 3-5-23

图 3-5-24

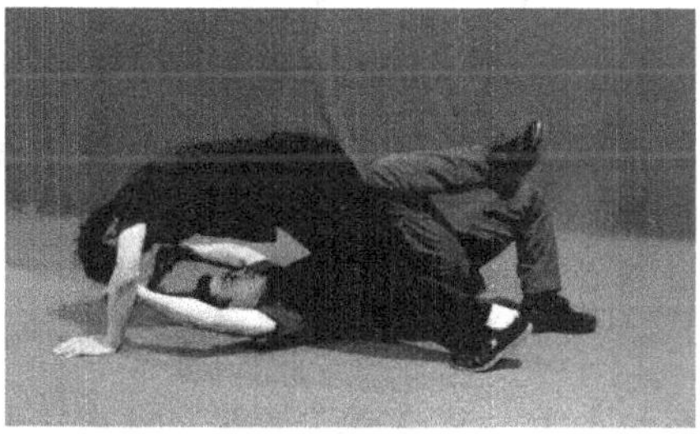

图 3-5-25

图 3-5-26

图 3-5-27

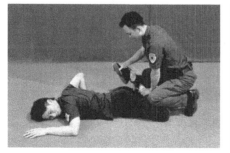

图 3-5-28

图 3-5-29

【技能训练】

学员一对一喂靶练习

学员可在实训场馆内、场外空地、狭长隧道内进行一对一练习，一名学员为操作手一方，另一名为配手一方。教师下达指令后，配手一方随机将操作手一方摔倒在地，使操作手一方处于下身位，随即操作手一方根据所学的由下身位转成上身位的基本技术快速摆脱困境，完成反控制。两人一组，可多组同时进行练习。

【案例回放】

澎湃新闻网讯，2019年2月10日，女子王某在成都双流国际机场准备乘坐ZH9570航班，从成都前往南京。该航班计划于当日18时20分起飞，王某18时12分到达T2航站楼41号登机口时，登机口已于18时05分关闭，王某未能登机。

王某找到航空公司工作人员为其解决登机问题。在与航空公司工作人员沟通过程中，王某情绪失控，上前抓扯工作人员，并将工作人员制服扯破，工作人员遂报警。接警后，四川公安厅机场公安局特巡警支队民警迅速抵达现场进行处置。由于双方分歧太大、无法现场调解，现场民警将双方移交到四川省公安厅机场公安局候机楼派出所做进一步处理。

到达候机楼派出所后，民警请王某和航空公司工作人员各自冷静以便后续处理。这时，王某非常激动地冲向正在候机楼派出所大厅内等候处理问题的航空公司工作人员。为避免王某的冲动行为导致事态进一步扩大，派出所民警迅速上前对王某进行劝离，王某拒不配合，并三次用手攻击民警面部和头部，导致民警面部被抓伤。民警果断采取强制措施将其控制，并传唤其留在派出所接受调查处理。

警方调查询问过程中，王某并未意识到自己的行为已构成阻碍执行职务的行为，还声称自己的合法权益受到了侵害。调查取证结束后，候机楼派出所经报请上级公安机关同意，根据《中华人民共和国治安管理处罚法》的相关规定，对阻碍人民警察依法执行职务的王某作出行政拘留10日的处罚。王某已被送达双流区拘留所执行拘留。

（案例来源：女子晚到错过飞机，在成都双流机场殴打民警被行拘，https://www.thepaper.cn/newsDetail_forward_2980059，有改动）

【案例评析】

该案例中，我方民航安保人员在对行为人进行语言劝阻或沟通不予配合仍然恶意纠缠我方人员时，在可控局面内，需要选择相应的徒手解脱技术扰乱行为人给予威慑，或以简单温和的遇抗解脱与控制技术将对方的违法犯罪行为控制在有效的防卫范围内，以确保机场工作人员的人身安全。

任务六　实战突袭控制技术

一、摔法接跪压控制技术

（一）切别摔配合跪压控制技术

动作要领：我方民航安保人员正面接近行为人，找准良机，左脚向对方右侧迈步，右手迅速切击对方的颈部，左手同时抓握对方右手，右脚顺势由后向前别摔其右腿膝窝处，随即右手、右腿同时交错发力，带动对方身体向后仰面倒地；我方人员右手握其手腕，左手托其肘关节，使对方呈仰卧姿势，同时我方人员右腿屈膝跪压对方肩部。（图 3-6-1 ~ 图 3-6-3）

动作要求：切击、别腿、下压动作要流畅，转身跪压要迅速。

应用：主要适用于行为人疲惫，注意力分散时的场景，该技术要求我方民航安保人员操作过程熟练流畅、反应敏捷。

图 3-6-1　　　　　　　　图 3-6-2　　　　　　　　图 3-6-3

（二）后抱双腿摔配合跪肩控制技术

动作要领：我方民航安保人员从后方接近行为人，双手由两侧搂抱住对方的膝关节上五寸处，右肩顶住其臀部；双手向上提拉用力，右肩前顶，使其失去重心并向前俯卧倒地；我方人员快速移至对方身体右侧，完成直臂跪肩技术。（图 3–6–4～图 3–6–7）

动作要求：抱腿上提要有力，上步要迅速，直臂折腕与跪压要快速、协调、精准。

应用：主要适用于在机场大厅、登机口外行为人背对民航安保人员时。

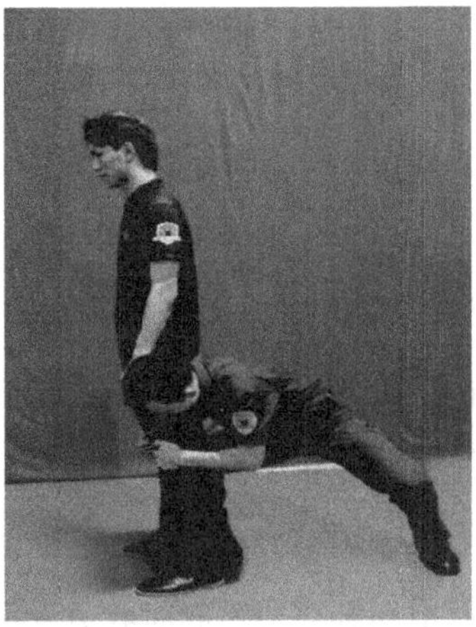
图 3–6–4

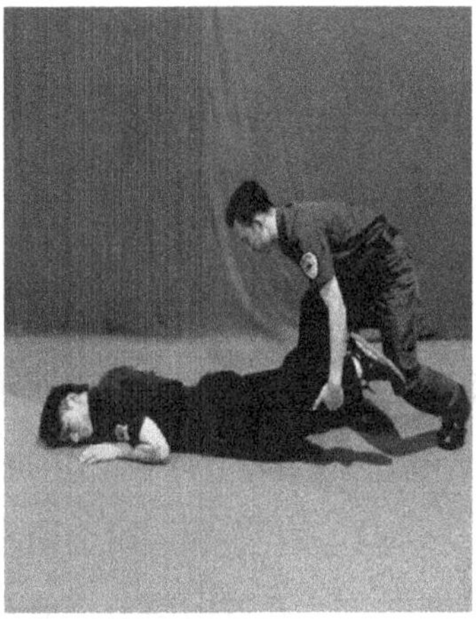
图 3–6–5

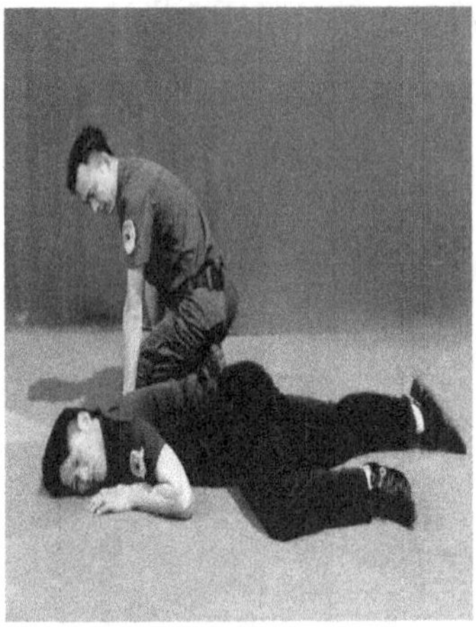
图 3–6–6

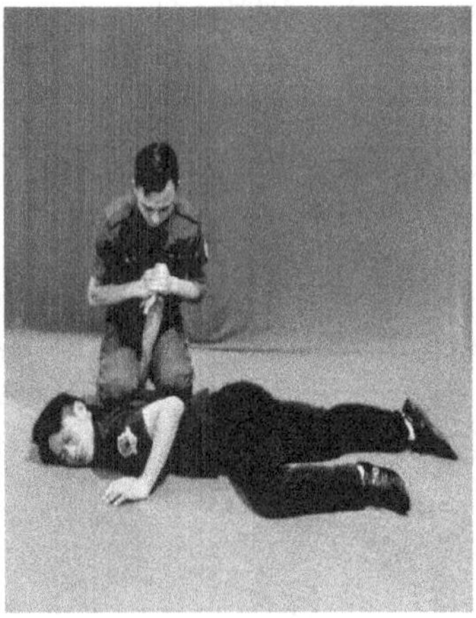
图 3–6–7

（三）锁喉摔配合锁颈控制技术

动作要领：我方民航安保人员由后接近行为人，屈臂勒住对方颈部，左手扣紧对方左手小臂，使对方左臂屈臂受阻；快速撤左步向左下方发力，使对方失去重心，将对方呈俯卧状态摔倒，右手始终锁住对方颈部，左手抓紧对方左手小臂后拉完成技术控制。（图 3-6-8~ 图 3-6-11）

动作要求：锁颈与回拉动作要一气呵成，别腿要时机准确，摔倒后衔接动作要快、准、狠。

应用：主要适用于在机场大厅、登机口外行为人背对我方民航安保人员时。

图 3-6-8　　　　　　　　　　图 3-6-9

图 3-6-10　　　　　　　　　　图 3-6-11

二、摔法接地面控制技术

（一）抱腰过背摔配合锁肩十字固定控制技术

动作要领：我方民航安保人员快速将左手上举做出格挡，同时，左手顺势绕环夹住行为人右臂，右手由后向前插入其左肩内侧抱住其背部，继而身体左旋，两脚呈直线，腰、臀紧贴对方身体，两腿蹬伸，提臀，弯腰，在对方重心离地的瞬间，拧腰转头将其摔倒在地。我方人员与行为人身体成十字形交叉，双腿分别在行为人的颈部与胸部，使行为人的一只手臂穿过我方人员的裆部，我方人员用双手将对方的手臂压在胸前，并用力挺髋，完成控制技术。（图3-6-12~图3-6-15）

动作要求：上身转体要迅速，搂腰、抓袖、挺膝、撅臀要一气呵成，倒地后身体要重压对方身体，两手要用力锁着对方左臂。

应用：适用于当行为人在机场大厅、登机口因情绪激动并用右摆拳攻击我方民航安保人员时。

图 3-6-12

图 3-6-13

图 3-6-14

图 3-6-15

（二）切颈别摔配合别肩控制技术

动作要领：我方民航安保人员正面接近行为人，左脚迈步至对方体侧，同时，左手抓握其右腕，右手横向切击对方前颈，右腿顺势经停其右腿膝窝处，随后右手、右腿同时发力，形成交错力，破坏对方重心，使其向后倒地；右手抓对方右腕，左手上托其肘关节，强制对方向左侧翻身，完成别肩动作。（图3-6-16~图3-6-21）

动作要求：切颈、别摔要一气呵成、干净利索，倒地后迫使对方翻转身体要快。

应用：当行为人在机场大厅、登机口因情绪激动撕扯我方民航安保人员时，我方人员可依法使用该技术。

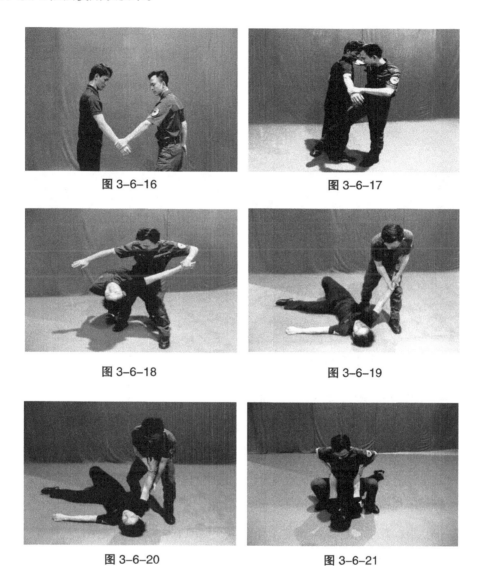

图 3-6-16　　　　　　　　　图 3-6-17

图 3-6-18　　　　　　　　　图 3-6-19

图 3-6-20　　　　　　　　　图 3-6-21

（三）抱膝前顶摔结合折踝控制技术

动作要领：我方民航安保人员从后方接近行为人，使用抱膝前顶摔（同后抱双腿摔）技术将其摔倒在地；我方人员的双手立即控制对方左右脚踝，并将其交叉屈膝；借助身体的重心推压对方脚踝，完成控制。（图 3-6-22～图 3-6-25）

动作要求：抱腿要迅速，挺膝、提拉要一致，转换、折压要协调有序。

应用：当行为人在机场大厅、登机口因情绪激动殴打乘客、机场工作人员时，我方民航安保人员可依法使用该技术。

图 3-6-22

图 3-6-23

图 3-6-24

图 3-6-25

三、擒拿接跪压控制技术

（一）携臂扣腕配合屈臂跪压控制技术

动作要领：我方民航安保人员从后侧接近行为人，以"鹅头拿"向下折压对方手腕；左手抓住对方右肘关节，右手握其手腕，顺势将对方右小臂从其右腋下绕至其后背做屈臂折腕，使对方因疼痛降低重心或向前趴地；右膝顺势跪压其右肩前侧，左膝顺势跪压其腰侧，完成控制。（图 3-6-26~ 图 3-6-29）

动作要求：双手抓腕、扣腕要干净利索，倒地后跪压、折腕要一气呵成。

应用：当行为人在机场大厅、登机口因情绪激动殴打乘客、机场工作人员时，我方民航安保人员可依法使用该技术。

图 3-6-26

图 3-6-27

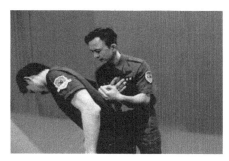
图 3-6-28

图 3-6-29

（二）拉肘别臂配合屈臂折腕跪压控制技术

动作要领：我方民航安保人员从右后侧接近行为人，左手掌心朝下由后向前伸出并托住其右臂，右手从胸前穿出并握其右臂肘关节后侧，左手屈臂抬肘上托其小臂，顺势将左手搭放其右肩后侧，别压对方右肩，右手回拉其右臂肘关节，顺势推按对方后颈，使其低头趴地；双手折压对方右腕，双膝跪压其背部，完成控制。（图3-6-30~图3-6-35）

动作要求：拉肘、上翻要迅速，别臂、按头要狠，倒地后折腕、跪压要有力。

应用：当行为人在机场大厅因询问行李或登记问题，而未获得满意的答复，心生报复，肆意攻击机场工作人员时，可依法使用该技术。

图 3-6-30

图 3-6-31

图 3-6-32

图 3-6-33

图 3-6-34   图 3-6-35

四、擒拿接地面控制技术

（一）折腕配合骑压勒颈控制技术

动作要领：我方民航安保人员从后方接近行为人，左手由后向前从其右臂前侧抓握其右手拇指处，右手由后向前抓握其右手掌根；右脚向前迈步，身体左转，带动其右手向右旋拧，迫使对方向疼痛一侧转身倒地；我方人员的双手牵拉对方右手，使其俯身趴地；我方人员两腿顺势坐压对方后背，将其右手由右向左从颈前穿过，限制对方行动，从而完成控制。（图 3-6-36～图 3-6-42）

动作要求：双手折腕要迅速，牵拉要有力；颈前绕臂要快速，按压要有力。

应用：当行为人在机场大厅因询问行李或登记问题，而未获得满意的答复，心生报复，肆意攻击工作人员时，民航安保人员可依法使用该技术。

图 3-6-36   图 3-6-37

图 3-6-38   图 3-6-39

图 3-6-40

图 3-6-41

图 3-6-42

（二）背后锁颈配合双腿交叉锁腰控制技术

动作要领：我方民航安保人员从后方接近行为人，右臂从行为人颈前绕过，右手握住自己左大臂，使右小臂和大臂形成夹角锁住对方喉颈，同时左手屈臂推其头部，呈背后十字绞技；我方人员左手顺势下滑握住对方左手腕部，左脚后侧半步，牵拉其身体向后仰躺，同时，我方人员顺势坐地，并使对方后背紧贴我方人员身体；我方人员双脚绕至对方腰前交叉，防止对方挣脱反抗。（图 3-6-43～图 3-6-46）

动作要求：锁颈、推颈要一气呵成，牵拉倒地要迅速，两腿交叉锁腰要有力。

应用：当行为人在机场大厅因询问行李或登记问题，而未获得满意的答复，心生报复，肆意攻击工作人员时，我方民航安保人员可依法使用该技术。

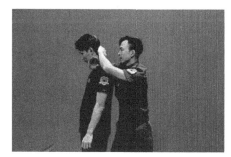

图 3-6-43

图 3-6-44

图 3-6-45

图 3-6-46

【技能训练】

学员一对一喂靶练习

学员可在实训场馆内、场外空地、狭长隧道内进行一对一练习，一名学员为操作手一方，另一名为配手一方。教师下达指令后，配手一方随机使用进攻方式，操作手一方则根据进攻方式，迅速做出判断，并运用所学控制技能将配手一方由站立姿势转成倒地姿势。两人一组，可多组同时进行练习。

【思考题】

1. 什么是机场大厅中的防卫与控制技术？

2. 低武力情境下的快速解脱技术有哪些？

3. 徒手制止暴力行为人的技术有哪些？请至少简述三种不同相关技术的实施方式。

4. 实战突袭控制技术有哪些？该如何进行相关技术训练？

项目四 应对极端暴力行为的防卫 与控制技术

学习目标

知识目标：了解在应对极端暴力行为中团队协作的重要性；掌握警械在最小单位作战上的基本理念。

能力目标：能够熟练掌握团队协作的徒手抓捕和防卫器械抓捕技术，并在法律法规的有效时间内正确合理地运用到实战中。

【案例回放】

由新疆和田飞往乌鲁木齐的 GS7554 航班按计划于 6 月 29 日 12 时 25 分起飞，本来应该在 90 分钟后抵达 1400 公里外的乌鲁木齐。

据新华社 3 日消息，虽然新疆劫机事件已过数日，但那 22 分钟空中惊魂对机组人员与乘客来说依旧历历在目。

6 月 29 日 12 时 25 分，GS7554 次航班滑向和田机场的跑道，短暂滑行之后起飞。但人们没想到，平静的机舱里危险正在悄悄临近。几乎没有人注意到，乘客中挂着双拐的残疾人开始拆卸拐杖并分发，暴徒精心策划的劫机行动即将展开……

持拐杖强闯驾驶舱

新华社报道称，12 时 35 分，飞机进入平飞状态后，3 名暴徒持着拐杖中卸下来的铝管奔向机舱门口，撞击驾驶舱门，想强行进入。女乘务长郭佳马上上前制止，被暴徒袭击。见无法进入驾驶舱，其中一名暴徒便使用打火机欲点燃插在瓶子中的导火索。

这时，在前舱的乘客刘会军意识到暴徒要劫机，他猛然跳起，徒手打掉了暴徒手上的打火机。3 名暴徒没能点燃燃爆瓶，恼羞成怒，疯狂合围袭击刘会军。邻座的窦刚贵见状也奋起反击，与刘会军一同与 3 名歹徒展开搏斗。这期间，暴徒不断脚踹机舱门，企图撞开舱门，见习乘务长吕慧及安全员杜岳峰见状冲进来将机舱门扣锁，并与暴徒展开搏斗。

几乎在同一时间，另 3 名暴徒持铝管和爆燃装置在机舱中部威胁恐吓群众，一面穷凶极恶大叫"飞机已被我们劫持，谁站起来，就打死谁"，一面对站起来欲反抗的乘客野蛮行凶。

乘客殊死搏斗 6 暴徒

面对暴徒的凶残，乘客意识到是遭遇劫机！随着刘会军、窦刚贵和吕慧的"快起来反抗"的大声呼唤，大家迅速响应，奋不顾身，纷纷同处在机舱不同位置的 6 名犯罪分子展开了殊死搏斗。

机上，人们纷纷行动起来。同机到乌鲁木齐开会的和田民警吐尔洪·肉孜尼亚孜、陈晓霞等 6 名公安干警迅速亮明身份，一面全力制伏罪犯，一面维护机舱内秩序，防止过度混乱造成飞机失衡。

机上的少数民族乘客也义愤填膺对暴徒大声斥责，并勇猛对抗，娜迪热·吐尔逊买买提等乘客积极组织部分乘客解下腰带，捆绑被制伏的 6 名暴徒。

12 时 47 分，在民航部门的指引下，GS7554 航班安全返航降至和田机场。此时，飞机上的乘客欢呼雷动，热烈鼓掌并高喊"团结就是力量""我们胜利了"，地面公安民警和武警官兵迅速登机将 6 名暴徒带离，并及时将受伤旅客送往医院救治。

据了解，当事航班上共有 91 名乘客，其中少数民族乘客 27 人，汉族乘客 64 人，机组人员 9 名、其中安全员 2 名。

7 月 1 日晚上，记者在新疆军区总医院的病房里见到了还在养伤的刘会军，"6·29"劫机事件成功制伏暴徒，他起了关键作用。回忆起飞机上的 22 分钟，刘会军说："凡是有正义感和良知的人都会起来与暴徒搏斗，是因为各族乘客团结一致、勇斗歹徒，才取得胜利。"

山东巨野的一名旅客的回忆则正好说明机上每个普通乘客最真实的心态："看到暴徒想劫持飞机，一下特别紧张，但我脑子里马上意识到，我不反抗就没命了，就冲上去协助乘警制伏了一名歹徒。"

新疆和布克赛尔蒙古自治县的曹靖公回忆当时看到暴徒开始行凶的情况时说："听到有人喊，冲上去，不能等死，于是空警、几个警察和我们都冲了上去，有人抢棍子、有人抢燃爆瓶，很快把暴徒都制伏了。"

重庆市涪陵区的一位姓郑的旅客讲述了一个具体的情景说："一名维吾尔族的

乘客大声喊'拿皮带过来',一下子大家递上去了十几条腰带;暴徒被制伏后,旁边的男乘客自发帮助看押……"

本报讯 29 日,中国民航局授予"6·29"反劫机机组"中国民航反劫机英雄机组"荣誉称号并通令嘉奖。

(案例来源:旅游中国,曝光"6·29"劫机事件始末:22 分钟空中惊魂,http://www.china.com.cn/travel/txt/2012-07-04/content_25808645.htm,2012-07-04,有改动)

【案例评析】

通过本案例,我们发现,当航班在空中遭遇犯罪嫌疑人劫机时,机组成员首先要观察对方是否持有枪支、危险爆炸物等凶器,如果没有,可进一步做出方案制伏对方。

其次,机组成员面对多人且持有武器的犯罪嫌疑人时,第一要做的是保护乘客的安全,并呼吁乘客共同应对,以利用人多的优势共同制伏犯罪嫌疑人。此外,以安保人员为主的机组人员,更是须具备一定的防卫与控制技术,如折腕、别肘等,以便在飞机内部的狭小空间里压制嫌疑人。

最后,我方民航安保人员作为处理突发事件的关键成员,必须要明确自己岗位的重要性。在狭小的空间内,我方人员首当其冲的应是利用防卫与控制技术进行团队小组协作,组织机组成员,以多数人对少数人的优势快速制伏犯罪嫌疑人,并减少自身的损失。

任务一　团组协作徒手控制暴力行为人的方法

在实战中,民航安保人员在徒手控制暴力行为人时,潜在危险也会增加。因此,为提高我方人员徒手控制的优势,我方人员需要以小组为单位,每个单位的成员在徒手控制前,都要配备主要控制和辅助控制的人员,二者分工明确、协同配合。在民航机场大厅、安全检查中,若二者无法做到有效的沟通和配合,将会造成我方人员手忙脚乱，丧失先机，严重的甚至增加不必要伤亡。对此，我方人员在徒手控制的过程中，需不断强调主要控制人员与辅助控制人员协同进行，主要控制人员在接近对方之后，要迅速完成主要徒手控制技术，制伏目标；而辅助控制人员则也需同时完成全部的辅助动作，并配合主要控制人员转移目标的注意力，为主要控制人员提供徒手控制的有力条件。在小组协同作战前，可加强团组协同作战配合的专项训练，提高操作能力。必要时二者身份可转换。

一、双人小组处置单一暴力行为人控制技术

（一）正面屈臂别肘徒手控制技术

动作要领：在民航机场大厅，当扰乱机场大厅、登机口秩序行为人因未满足自己诉求时，在安检口、行李寄存处、狭长隧道内与工作人员发生口角，并由推搡迅速演变成肢体对抗时，我方民航安保人员应迅速从左右两侧接近行为人，左侧的我方人员作为主要控制人迅速上步，左手由前插入其右臂内侧，顺势上托其右臂，并扣住对方右大臂，右手抓握对方的右臂肘关节，用力向胸前提拉，双手合力别压其右肩，迫使对方向前俯身；右侧的我方人员趁对方前俯身时，迅速跟进动作，控制其左臂，并用力折压对方手腕，使对方俯身趴地；行为人被我方人员合力按压倒地，为了防止对方继续实施暴力反抗，主要控制人员还需再次确定行为人是否被完全控制，右侧的辅助控制人员对其现场进行确认，完成押解。（图4-1-1~图4-1-5）

动作要点：两人要分工明确、配合默契；控制动作要干净利索、迅速成形；要准确把握时机。

战术配合：辅助控制人员伪装接近，分散行为人的注意力，为我方主控制人员创造条件顺利完成任务。

图 4-1-1   图 4-1-2   图 4-1-3

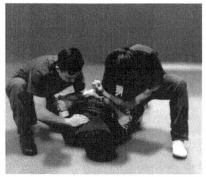

图 4-1-4   图 4-1-5

（二）正面切喉别腿徒手控制技术

动作要领：在民航机场大厅，当行为人在机场大厅、登机口、安检口、行李寄存处、狭长隧道内与工作人员发生口角，并由推搡迅速演变成肢体对抗时，我方民航安保人员应分别从两侧接近行为人，右侧的我方人员左脚迈步至右脚侧方，左手迅速抓住行为人右腕，右脚向前上步插腿别其右腿，右臂横向击打对方颈喉，迫使对方向后仰面倒地；左侧的我方人员动作与右侧的我方人员一致，左侧的我方人员控制其左臂并牵拉对方向左侧的我方人员方向转身，使其右臂由左向右穿过颈前与其左臂进行交叉，两侧人员牵拉、按压、跪压要一致，防止对方起身反抗，从而完成控制。（图 4-1-6 ~ 图 4-1-9）

动作要求：两人分工明确、左右夹击，抓手、推胸、别摔要一气呵成，别腿摔身要狠，倒地迅速牵引对方转体翻身，完成跪压控制。

战术配合：两人伪装接近对方，一人以分散对方注意力为目的，另一人以控制对方为目的，当控制人员采取行动后，辅助人员迅速跟进动作，协力完成控制技术。

图 4-1-6   图 4-1-7

图 4-1-8　　　　　　　　　　图 4-1-9

（三）正面腕关节控制配合倒地折踝徒手控制技术

动作要领：在民航机场大厅，行为人在机场大厅、登机口、安检口、行李寄存处、狭长隧道内与工作人员发生口角，并由推搡迅速演变成肢体对抗，对方在 1.5 米左右（中距离）的距离直接欲以拳法或抓衣向前侧袭击我方民航安保人员头部时，前侧的我方人员应迅速以折腕方式进行防卫，同时抓握对方手腕后向内折压其手腕，使其向疼痛一侧倾斜或倒地，并牵引其自觉向一侧转身，随后继续实施控制。后侧的我方人员在见其趴地，两手迅速抓握其脚踝进行交叉，继而用力折压其踝关节，完成控制。（图 4-1-10~ 图 4-1-14）

动作要求：正面的我方人员要抓准时机，双手要用力扣腕，牵拉要迅速。后面的我方人员要集中注意力，动作跟进要流畅，折踝要狠。

战术配合：两人一前一后，正面的我方人员要具备充分的实战经验和熟练的技术能力，后面的我方人员配合正面的我方人员锁定对方，随时准备二次控制。

图 4-1-10　　　　　　　　　　图 4-1-11

图 4-1-12

图 4-1-13

图 4-1-14

（四）双人"鹅头拿"徒手控制技术

动作要领：在民航机场大厅，当行为人因未满足自己诉求时，在机场大厅、安检口、行李寄存处、狭长隧道内与工作人员发生口角，并由推搡迅速演变成肢体对抗时，我方民航安保人员应立即从行为人后侧趁其不备接近对方，右手从对方左臂内侧穿过，回拉对方的肘关节，并用右臂和胸部顶住对方肘关节，左手上举对方左臂与右手协力做鹅头拿控制，右侧的我方人员与左侧的我方人员一致，协力将其按倒在地。随后两人同时控制对方一侧手臂向后牵拉，双膝合力跪压其一侧背部，并折其腕部，完成控制。（图 4-1-15～图 4-1-20）

动作要求：双人鹅头拿技术要干净利索，回拉、抓腕动作要快速连贯，折腕与夹肘动作要牢固。

战术配合：两人接近要突然，配合默契，以眼神或者余光代替过大的肢体动作，防止对方察觉。

图 4-1-15　　　　　　　图 4-1-16　　　　　　　图 4-1-17

图 4-1-18　　　　　　　图 4-1-19　　　　　　　图 4-1-20

（五）前后夹击抱膝顶摔控制技术

动作要领：在民航机场大厅，当行为人因未满足自己诉求时，在机场大厅、安检口、行李寄存处、狭长隧道内与工作人员发生口角，并由推搡迅速演变成肢体对抗时，我方民航安保人员应分别从前后两个方向接近行为人，前侧的我方人员伪装行人降低行为人戒备，后侧的我方人员迅速下潜，双手合抱对方的膝关节，头部偏向右侧，向上向后提拉，同时，左肩用力前顶其臀部，使其向前俯身倒地，继而双手立即抓其脚踝，将其交叉，用力折压对方踝关节。随即前侧的我方人员见状，迅速移动至右侧，实施背部跪肩折腕技术，完成控制。（图 4-1-21~图 4-1-25）

动作要求：后抱腿时要降低重心，提拉和顶臀要有力，倒地后迅速衔接按压、折踝控制，防止对方反抗，若反抗严重，可及时增加按压的力度，控制对方。

战术配合：两人一前一后站立，前方的我方人员伪装成行人接近，分散行为人注意力；后方的我方人员趁行为人不备快速出击，将其控制。

图 4-1-21　　　　　　　　　　　图 4-1-22

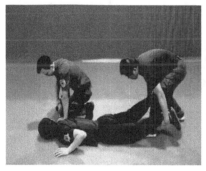

图 4-1-23　　　　　　　　　　　图 4-1-24

图 4-1-25

（六）"安全带"徒手控制技术

动作要领：当行为人在机场大厅登机口、安检口、行李寄存处、狭长隧道内与工作人员发生口角，并由推搡迅速演变成肢体对抗时，我方民航安保人员应从前后两个方位接近行为人，前侧的我方人员吸引对方注意力，后侧的我方人员迅速迈步上前，左手从行为人左臂内侧穿过，右手从其右肩外侧穿过，双手合抱在对方颈前，胸部紧贴对方后背，后侧人员挺髋、双手用力向上将行为人顶起，降低对方重心，并使其摔倒在地；前侧的我方人员见行为人坐地后，两手迅速抓握其脚踝，由左向右发力使其向右侧转身，同时后侧的我方人员右臂夹住其颈部，左手夹其左臂，并与前侧的我方人员协力翻转对方成趴地姿势，继而控制其两臂，防止对方反击，完成控制。（图4-1-26~图4-1-31）

动作要求：臂、腰、髋要同时发力，左右搂抱要用力，顶起要瞬间向下摔倒，翻转配合要协调有序，别臂要狠，以防反抗。

战术配合：前侧的我方人员伪装接近行为人，并分散对方的注意力，后侧的我方人员迅速出击。

图 4-1-26

图 4-1-27

图 4-1-28

图 4-1-29

图 4-1-30

图 4-1-31

二、三人小组对单一暴力行为人控制技术

在民航安保工作中，三人小组完成任务比两人小组更占据优势。在实战场景中，我方民航安保人员只有在抓捕前明确自己的分工任务，才能最大程度地规避危险和不确定性，发挥团队的优势力量。不仅如此，在控制行为人时，主要控制人还需具备充足的实战经验和临场发挥能力，迅速控制对方重要的躯干、反关节位置，我方其他人员则需精神高度集中，观察对方的反常现象，并在对方反抗之前，迅速跟进配合主要控制人员，对行为人肩部和腿部的反关节位置进行控制。

（一）背后抱膝顶摔配合骑压、别肩、折踝徒手控制技术

动作要领：当行为人在机场大厅登机口、安检口、行李寄存处、狭长隧道内与工作人员发生口角，行为人由推搡迅速演变成肢体对抗，且严重威胁到乘客以及工作人员安全时，我方民航安保人员呈包夹之势，围住行为人，我方一名人员从正面吸引对方注意力，两名人员分别从左右侧后方靠近行为人，并迅速下潜搂抱行为人下肢，用力向上、向后提拉，迫使对方倒地；我方一名人员抓其脚踝交叉折踝，另一名人员移至前侧的我方人员对面，与其同时跪压控制行为人两臂，使其两臂向后屈臂；两人分别跪压对方一侧腰部，并用力折压对方手腕，完成控制且安全带离。（图4-1-32~图4-1-35）

动作要求：下潜速度要快，提拉时腰腹、大腿要用力，正面的我方人员骑压时要与后面人员协调配合。

战术配合：三人分别站位成三角形位置，前者伪装的合乎情理，后者出其不意，迅速完成三角夹击。

图 4-1-32

图 4-1-33

图 4-1-34　　　　　　　　　　　　图 4-1-35

（二）背后抱臂锁颈配合骑压、折腕、折膝控制技术

动作要领：当行为人在机场大厅登机口、安检口、行李寄存处、狭长隧道内与工作人员发生口角，行为人由推搡迅速演变成肢体对抗，且严重威胁到乘客以及工作人员安全时，我方民航安保人员呈包夹之势，围住行为人，一名我方人员从正面吸引对方注意力，后侧人员左手圈住对方的左臂，右手从对方颈前穿过，用尺骨锁其喉咙，并使对方后背紧贴我方人员前侧，身体向右转腰发力，右腿向前，使行为人俯身倒地，完成单手勒颈控制；我方其余两名人员见行为人倒地，应快速上前控制其脚踝与右臂，并迅速完成折踝与背部跪压控制，使其失去反抗能力，完成控制并且安全带离。（图 4-1-36～图 4-1-40）

动作要求：抓腕、锁颈要快、准、狠，转腰发力、拉臂要有冲击力，对方倒地后，两侧迅速衔接控制动作。

战术配合：三人分别以倒三角为站位，后侧的我方人员出其不意，快速跟进，协力制伏。

图 4-1-36　　　　　　　　　　　　图 4-1-37

图 4-1-38   图 4-1-39

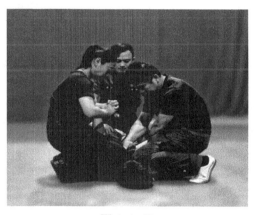

图 4-1-40

（三）背后抱双臂顶起配合折腕、折踝徒手控制

动作要领：当行为人在机场大厅登机口、安检口、行李寄存处、狭长隧道内与工作人员发生口角，行为人由推搡迅速演变成肢体对抗，且严重威胁到乘客以及工作人员安全时，我方民航安保人员呈包夹之势，围住行为人，一名我方人员从正面吸引对方注意力，后侧的我方人员快速上前双手由两侧搂抱住其双臂，然后立即上提、挺胸、仰身、挺髋将其顶起，并摔倒在地，同时后侧的我方人员顺势坐地，两腿由外向内夹住对方双腿，右手快速上滑锁住其颈部，左手下滑握住其左手。随后其余两名我方人员分别抓其右手和脚踝，用力将其向左侧翻转，使其呈趴地姿势，继而向行为人实施背部折腕和交叉折踝动作，控制对方并安全带离。（图 4-1-41～图 4-1-46）

动作要求：搂抱上提、挺胸、仰身、挺髋动作要流畅，如从头顶向后抛物；折腕、跪压、折踝要协调有序。

战术要求：三人合理站位，伪装得当，以背后的我方人员的行动为信号，两侧

的我方人员精神要集中，协同跟进要及时。

图 4-1-41

图 4-1-42

图 4-1-43

图 4-1-44

图 4-1-45

图 4-1-46

（四）抱臂别摔结合折踝、别臂徒手控制

动作要领：当行为人在机场大厅登机口、安检口、行李寄存处、狭长隧道内与工作人员发生口角，行为人由推搡迅速演变成肢体对抗，且严重威胁到乘客以及工作人员安全时，我方民航安保人员呈包夹之势，围住行为人，右侧的我方人员迅速迈步上前，左手虎口朝前抓其腕部，右手握拳从其右臂内侧穿过并用力夹住其右大臂，右脚向前插入其右腿前侧的同时，用力别摔使其向前趴地。随后其余两名我方人员，应迅速控制其双踝与左肩，同时与右侧的我方人员合力完成跪压折腕及折踝控制，使对方失去反抗能力。（图4-1-47～图4-1-53）

动作要求：右侧的我方人员抱臂要稳固，别摔要狠；其余两名我方人员上前时机要准确，折踝、折腕要狠，三人配合要默契，动作要连贯，制伏动作要干净利索。

战术要求：三人接近时要自然，以右侧的我方人员的行动为信号，其余两名我方人员注意力要时刻集中，动作跟进要及时。

图4-1-47

图4-1-49

图4-1-50

图4-1-51

图4-1-52

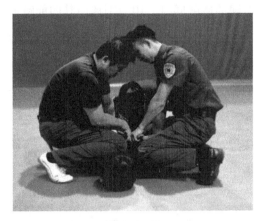

图 4-1-53

三、四人小组处置单一暴力行为人控制技术

四人小组处置单一暴力行为人相比两人、三人等处置方式更具优势。首先，当暴力行为人在公共场合、高铁、机场等大型聚集人群中肆意攻击时，采用三人以上或四人一组的团体策略能够有效地震慑暴力行为人。其次，多人行动的站位能够快速对其形成包夹之势，限制对方的退路；多人行动的控制越明确、越清晰，对方反抗的概率就越小；多人行动的策略灵活多变，所实施的技术手段可随机应变；多人行动在人数上占据优势，对暴力行为人的反抗具有压倒式作用。最后，在实战场景中，多人行动要规定好抓控人员、观察人员以及持械戒备人员，防止武力升级后人员调动的不及时造成的严重后果。

（一）后搂腰扫腿摔配合折腕、跪肩、折踝控制技术

动作要领：当行为人在机场大厅登机口、安检口、行李寄存处、狭长隧道内与工作人员发生口角，行为人由推搡迅速演变成肢体对抗，且严重威胁到乘客以及工作人员安全时，四名我方民航安保人员分别环形站位，其中一名身强力壮的从后方抱住对方腰部，将其抱起，右脚向内用力绊踢对方的小腿，使其向右倾斜侧身倒地；随后，一名安保人员见对方重心离地并摔倒后，迅速配合后侧安保人员，抓其左手由左向右翻，使行为人呈俯身趴地状态，另一名安保人员屈膝下蹲，双手抓握其双踝，并交叉用力折压完成下肢控制，而控制其双臂的两名安保人员继续实施背部跪压和折腕技术，防止对方再次实施暴力行为；随后，另一名安保人员展开提手戒备姿势，呼叫安全保卫处支援，以防其他行为人阻碍安保人员实施安全防卫与控制技术。（图 4-1-54～图 4-1-58）

动作要求：后面安保人员抱腰、绊腿要突然，侧摔倒地要用力；其余两名安保人员配合要协调有序、环环相扣，折腕、跪肩、按头要快、准、狠。

战术配合：四人分散站位，形成包夹之势，眼神对峙或发出信号后迅速展开控制。

图 4-1-54　　　　　　　　　　　　　　图 4-1-55

图 4-1-56　　　　　　　　　　　　　　图 4-1-57

图 4-1-58

（二）锁喉绊摔结合折膝、折腕控制技术

动作要领：当行为人在机场大厅、登机口、安检口、行李寄存处、狭长隧道内与工作人员发生口角，行为人由推搡迅速演变成肢体对抗，且严重威胁到乘客以及工作人员安全时，四名我方民航安保人员分别夹击站位，其中一名安保人员从后方接近行为人，右手屈臂由右向左锁住其前颈，左手顺势抱其左臂；勒住行为人颈部，向右侧转腰发力右腿向前，完成勒颈控制；右侧安保人员在行为人倒地后，双手迅速控制其右臂，左膝跪压其大臂；后侧一名安保人员继续衔接折踝动作，限制对方下肢活动范围；控制其双肩的安保人员继续实施中背部跪肩和折腕技术，防止对方反抗；剩余安保人员展开提手戒备姿势，呼叫安全保卫处支援，以防其他行为人阻碍安保人员实施安全防卫与控制技术。（图4-1-59~图4-1-63）

动作要求：后面安保人员锁喉、绊摔要突然，绞拧要狠；右侧安保人员跪压、折腕要狠；后侧安保人配合要及时；戒备人员要集中。

战术配合：四人站位要合理，明确分工配合，明确信号迅速展开行动。

图4-1-59

图4-1-60

图4-1-61

图4-1-62

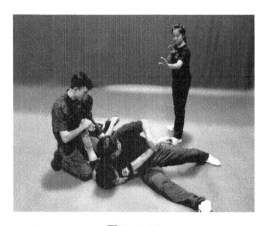

图 4-1-63

【技能训练】

学员多对一反应练习

学员 2~4 人为一组，在实训场馆内进行多对一练习，指定一名学员为配手一方，其他学员为操作手一方，操作手一方随机站位。教师下达指令后，配手一方上前随机使用不同程度的暴力动作，操作手一方迅速做出正确的判断，并根据判断分别采用两人、三人、四人小组的徒手控制技术，随后依次循环进行练习。

【案例回放】

楚天都市报讯，8 月 6 日晚，香港电影《古惑仔》的情景在襄阳机场真实上演，几名男子持刀在到达厅内当众行凶，导致 5 人受伤。嫌疑人作案后驾车潜逃，目前警方正在全力抓捕。

昨日，楚天都市报记者来到医院，见到了 28 岁的伤者张某，其肝部受伤当场昏迷，之后做了手术、输了血才醒过来。张某介绍，他来自老河口市，在一家房地产公司上班。6 日晚上，他和另外两名男子一起开车从老河口到襄阳机场接他的老板及其家人。

当晚北京到襄阳的航班晚点，11 时 20 分左右抵达。张某老板一家四口随着人流走出来，来到到达厅。忽然，一个陌生男子持刀走过来，他的老板刚刚说了一句"兄弟，是不是认错人了"。对方说："让开，没你的事儿！"话音未落，对方就朝着张某老板的胳膊捅了一刀。张某称，行凶的共有三名男子，他们针对的目标其实是后面出来的另一名男子。随后他们持刀朝着后面的男子继续行凶。张某等人见老板受伤了，也和对方厮打起来。打斗过程中，张某等多人受伤，被送到医院救治。

8月7日，楚天都市报记者来到襄阳机场，在监控视频中看到，打斗时现场一片混乱。嫌疑人作案后驾车潜逃。

案发后，民警赶到现场处置。襄阳警方介绍，经排查，共有5人受伤，均无生命危险。目前，警方已成立专班全力抓捕嫌疑人。

（案例来源：湖北襄阳机场持刀砍人致5人受伤，http://news.sohu.com/201508 10/n418470969.shtml，2015-08-08）

【案例评析】

在实际工作中，遇到如上述案例所描述的多人持械闯入机场大厅行凶的情形，民航安保人员是民警到达现场之前唯一能够减轻人员伤害和牵制暴力违法行为人的群体。这就要求，民航安保人员在掌握防卫与控制技术的基础上，熟练地掌握执勤器械的使用方法和手段，以便在抓捕过程中迅速制伏暴力行为人。

一是有效开展实地勘察并配合民警制定抓捕方案。根据行为人作案活动规律及特点，我方人员须迅速到达行为人活动的重点区域进行细致的实地勘察，全面掌握该区域及现场情况。遵循按照民航机场抓捕的工作原则，我方人员可将行为人牵引至人员较为稀少的地点实施抓捕，并配合民警制定具体可行的抓捕工作方案，确保行动的准确性，做到万无一失。

二是合理进行人员部署，悄然接近快速制敌。机场大厅内情况复杂，抓捕前要考虑到我方人员的合理部署，既要便于抓捕行动的展开，又要便于联络和相互配合。我方人员需要明确各自的任务、职责和现场位置，并确定目标发现后各组迅速向中心现场靠拢接应的工作要求。

在具体行动中，我方人员还需巧妙伪装接近行为人。行动时，须将警械放置身前，保护自身安全，同时缩小行为活动空间以便后续抓捕。

三是合理运用警械控制技术。在实战中，当行为人试图用利器砍向手持盾牌的我方人员，企图抢夺盾牌时，我方人员应迅速上前，合理使用腿法反击技术，阻止行为人的危险行为，并破坏其重心，致使对方倒地。随后利用警棍对其使用别肩控制技术或者盾牌的按压技术将其制伏。

任务二　最小作战单元处置极端暴力行为的技战术

一、执勤器械应对极端暴力行为的技战术

（一）应急棍

1. 应急棍戒备姿势

（1）握棍戒备姿势：我方民航安保人员在遇到具有极端暴力倾向行为人时，应与其保持一定的安全距离，目视对方眼睛，两腿呈格斗姿势站立，双手握住棍身后段，虎口朝棍梢一端，棍梢朝前，以震慑行为人。（图4-2-1～图4-2-2）

图 4-2-1　　　　　　　　　　图 4-2-2

（2）胸前戒备姿势：我方民航安保人员在遇到具有暴力倾向的行为人时，应首先与其保持一定的安全距离，目视对方预判其接下来的行为，两腿呈格斗姿势站立，左脚在前，右脚在后；右手握住棍把低端，左手握住棍身后段 1/3 处，两手架

在胸前，并与胸部保持 20~30 厘米的间距。（图 4-2-3 ~ 图 4-2-4）

图 4-2-3   图 4-2-4

2. 应急棍的进攻技术

（1）上劈棍：我方民航安保人员手持应急棍，保持握棍戒备姿势，从上往下垂直猛力击打对方头部位置，力达棍身前端。（图 4-2-5 ~ 图 4-2-6）

图 4-2-5   图 4-2-6

（2）斜劈棍：我方民航安保人员手持应急棍，从右上方斜下击打对手臂，击打点要位于应急棍的前端。（图 4-2-7 ~ 图 4-2-8）

图 4-2-7　　　　　　　　　　　　　图 4-2-8

（3）扫棍：我方民航安保人员双手合握棍身尾端 1/3 位置，双手由左向右猛力横挥，转腰发力，力达棍身前端。（图 4-2-9~图 4-2-12）

图 4-2-9　　　　　　　　　　图 4-2-10

图 4-2-11　　　　　　　　　　图 4-2-12

（4）挑棍：我方民航安保人员右手持握棍把，位于胸前，左手持握棍身中段并位于左侧腰间，两手合力做上挑下按动作，转腰发力，迅速将棍挑起，力达棍身前端。（图 4-2-13 ~ 图 4-2-14）

图 4-2-13   图 4-2-14

（5）戳击：我方民航安保人员两脚前后呈格斗姿势站立，左手持握应急棍的后端并放于左侧腰间，右手屈臂持握棍身并与自身间隔 20~30 厘米，使应急棍前端正对行为人；随后双手用力直线向前戳击对方胸部或腹部，两脚协力配合向前移动，击中目标后迅速拉开安全距离。（图 4-2-15 ~ 图 4-2-16）

图 4-2-15   图 4-2-16

3. 应急棍的防守技术

防守技术是民航安保人员日常工作必备的技术。民航安保人员通过采用格挡、下截等应急棍动作，能有效避开行为人对自身重要位置的攻击。

（1）格挡：与暴力行为人面对面站立时，我方民航安保人员应两腿分开呈格斗姿势，保持重心平衡，左手掌心朝下握住棍把，右手掌心朝上握住棍身中前段，棍稍朝右侧，自下而上猛力推棍，利用棍身中断架挡对方的劈击。（图 4-2-17~

图 4-2-18）

图 4-2-17 　　　　　　　　　　图 4-2-18

（2）向下格挡：与暴力行为人面对面站立时，我方民航安保人员应双手持握应急棍，两腿分开呈格斗姿势，保持重心，肘关节微屈，由上向斜下发力，提前阻断行为人的鞭腿脚踝或胫骨前端，以阻止行为人左右低鞭腿的进攻。（图 4-2-19~图 4-2-20）

图 4-2-19 　　　　　　　　　　图 4-2-20

（二）伸缩警棍

1. 伸缩警棍戒备姿势

（1）腹前戒备姿势。

动作要领：我方民航安保人员在遇到行为可疑的人员时，首先应与其保持一定的安全距离，时刻关注行为人，双腿呈格斗姿势站立，攻击手将伸缩警棍（收缩状态）抽出，左手握住棍头，并放在腹前戒备，随时准备开棍。（图 4-2-21）

实施作用：主要以震慑对方的当前行为为主。

（2）单手腰间戒备姿势。

动作要领：我方民航安保人员在遇到行为可疑的人员时，首先应与其保持一定的安全距离，目视对方眼睛，双腿呈格斗姿势站立，左手屈臂向前示意停止当前行为，攻击手顺势握住正左侧腰间的伸缩警棍（收缩状态），保持戒备，随时准备开棍防御。（图4-2-22）

实施作用：主要以震慑对方的当前行为为主。

（3）提棍戒备姿势。

动作要领：我方民航安保人员在遇到具有暴力倾向的行为人时，首先应与其保持一定的安全距离，目视对方观察接下来的行为，双腿呈格斗姿势站立，左脚在前，右脚在后；攻击手握住棍柄，迅速向斜下甩出收缩杆，棍头朝下，藏在右腿后侧，左手屈臂举至胸前控制戒备距离。（图4-2-23）

实施作用：主要以震慑对方的暴力行为为主。

图4-2-21　　　　　　　图4-2-22　　　　　　　图4-2-23

（4）肩上戒备姿势。

动作要领：我方民航安保人员在遇到严重暴力行为人时，首先应在保持一定的安全距离下，两腿呈格斗姿势站立，攻击手迅速握住棍柄，向斜上方甩出开棍，并将棍身放于右肩上，攻击手肘关节弯曲，前手屈臂举至胸前控制戒备距离。（图4-2-24～图4-2-25）

实施作用：主要适宜于能够快速对暴力行为严重的人员做出反击。

图 4-2-24   图 4-2-25

（5）开棍。

①上开棍：我方民航安保人员正面朝向行为人，单手握住棍柄，手臂发力自下而上迅速抽出伸缩警棍，抽棍要迅速干脆，一次到位，且始终注视对方的行为。（图4-2-26）

②下开棍：我方民航安保人员正面朝向行为人，单手握住棍柄，攻击手发力迅速向下甩出棍的中管与前管，并警告对方具有危险性的行为，随时准备制止对方。（图4-2-27）

③紧急开棍：在紧急情况下，我方民航安保人员攻击手（右手）握住棍柄，直接从正左侧甩出挥击威胁自身生命安全的危险人物，击打过后顺势向对方做肩上戒备或者提棍戒备姿势。（图4-2-28）

图 4-2-26   图 4-2-27   图 4-2-28

（6）收棍。

我方民航安保人员目视前方，继续保持戒备姿势，弱手向前控制安全距离，攻击手持棍柄，棍头朝下，双腿屈膝下蹲，右膝着地，重心下降，同时持棍手垂直向下用力，使其前管、中管的收缩杆慢慢回收，随后立即起身，并将收回的伸缩警棍持于腹前，继续保持戒备姿势。（图4-2-29）

图4-2-29

注意事项：

在安检口、登机口等狭小的位置作战时，我方民航安保人员开棍过程中要注意各队员的站位，以及四周的建筑设施，避免误伤或影响实施控制技术。

2. 伸缩警棍的进攻技术

（1）劈击。

我方民航安保人员正手劈击时，持棍手肘关节下沉，手臂弯曲从肩颈的位置顺势向斜前方45°劈砍，腿部蹬地转腰配合肩臂发力，力达棍身末端三寸。（图4-2-30）

①肩部劈击：我方民航安保人员手持伸缩警棍，向正在攻击的暴力行为人右肩进行劈击，劈击时转腰发力，大肌肉群带动小肌肉群，使对方感到剧烈疼痛。（图4-2-31）

②腿部劈击：我方民航安保人员手持伸缩警棍，向正在攻击的暴力行为人左腿髂胫束进行劈击，劈击时转腰发力，大肌肉群带动小肌肉群，将击打位置落在伸缩警棍的第一节收缩杆上。（图4-2-32）

图 4-2-30   图 4-2-31   图 4-2-32

（2）撩击。

①正手撩击：当暴力行为人从正面攻击我方民航安保人员时，我方人员手持伸缩警棍，保持提棍戒备姿势，攻击手肘关节微屈，右脚上步转腰发力，带动伸缩警棍自下而上攻击对方。（图 4-2-33）

②反手撩击：当我方民航安保人员正手撩击后，右脚迅速侧步，攻击手持伸缩警棍再次自上而下攻击对方。（图 4-2-34）

图 4-2-33   图 4-2-34

（3）戳击。

我方民航安保人员持械手抓握棍把，呈腹前戒备姿势。当行为人攻击我方人员时，持械手向前发力戳击对方的胸部或者腹部，力达棍稍的顶端。（图 4-2-35）

图 4-2-35

（4）砸击。

①上砸击：上砸击主要以击打暴力行为人上肢部位为主；击打过程中，我方民航安保人员双腿开立呈格斗姿势，攻击手持械肩上戒备姿势；左脚上步，持械手自上而下地挥动伸缩警棍砸向对方的上肢肌肉群，迫使对方感到疼痛，随即击中目标后迅速收到原来位置，还原持戒备姿势。（图 4-2-36~图 4-2-37）

②中砸击：中砸击主要以击打暴力行为人躯干部位的穴位、痛点，促使对方暂时失去身体部分部位的控制；砸击过程中，我方民航安保人员身体保持格斗姿势，攻击手持肩上戒备姿势，两腿屈膝半蹲，攻击手持棍把，从横向侧击对方躯干部位，击中目标后迅速退回原来位置。（图 4-2-38~图 4-2-39）

③下砸击：下砸击主要以击打暴力行为人下肢部位的大腿髂胫束、小腿等部位；击打过程中，我方民航安保人员身体保持格斗姿势站立，攻击手持戒备姿势；双腿屈膝下蹲，同时攻击手由上向斜下砸击对方的大腿，促使对方产生无力反应，最终控制对方。（图 4-2-40~图 4-2-41）

图 4-2-36	图 4-2-37	图 4-2-38
图 4-2-39	图 4-2-40	图 4-2-41

（5）截击。

我方民航安保人员攻击手持伸缩警棍，右臂由屈到直带动伸缩警棍向斜上方击打暴力行为人的前臂，同时手腕寸劲发力，棍身与右臂呈直线状，重心侧倾，完成截击动作。（图 4-2-42~图 4-2-43）

图 4-2-42   图 4-2-43

3. 伸缩警棍的防守技术

防守技术是民航安保人员日常工作需必备的技术。我方民航安保人员通过采用伸缩警棍格挡、下截等动作，能有效避开行为人对自身重要位置的攻击。

（1）正手格挡：我方民航安保人员与暴力行为人面对面站立时，应双腿分开呈格斗姿势，保持重心平衡，攻击手持伸缩警棍，手心朝上，棍稍朝右侧，自下而上猛力推棍，格挡时肘关节微屈，使棍身架挡在行为人直拳的腕关节或前臂上。（图4-2-44~图4-2-45）

图 4-2-44   图 4-2-45

（2）反手格挡：我方民航安保人员与暴力行为人面对面站立时，应双腿分开呈格斗姿势，保持重心平衡，攻击手持伸缩警棍，手心朝下，棍稍朝左侧，自下而上猛力推棍，格挡时肘关节微屈，使棍身提前架挡在行为人摆拳的腕关节和前臂上。
（图4-2-46~图4-2-47）

图4-2-46   图4-2-47

（3）向下格挡：我方民航安保人员与暴力行为人面对面站立时，应攻击手持伸缩警棍，双腿分开呈格斗姿势，保持重心，肘关节微屈，由上向下发力，提前挡住行为人鞭腿脚踝或胫骨前端。手心朝上为反手格挡，主要用于格挡右侧鞭腿攻击；手心朝下为正手格挡，主要用于格挡左侧鞭腿攻击。（图4-2-48~图4-2-49）

图4-2-48   图4-2-49

（三）T 型棍

1. T 型棍戒备姿势

（1）单手腰间戒备姿势。

动作要领：我方民航安保人员双脚前后站立，左脚在前，右脚在后，右手持握 T 型棍短棍端放于腰间，长棍端朝下，左手控制与可疑人员的安全距离。（图 4-2-50）

实施作用：震慑对方停止暴力行为。

（2）单手胸前戒备姿势。

动作要领：我方民航安保人员两脚前后站立，左脚在前，右脚在后，身体朝向正前方，两眼目视对方，右手持握 T 型棍握把于胸前，短棍端朝上，长棍端紧贴攻击手小臂，左手控制安全距离。（图 4-2-51）

实施作用，有效震慑对方，且能够快速做出进攻动作。

（3）单手肩上戒备姿势。

动作要领：我方民航安保人员两脚前后站立，呈格斗姿势，右手全手掌持握 T 型棍短棍端，长棍端紧贴于右肩上方，左手控制与可疑人员的安全距离。（图 4-2-52）

实施作用：有效震慑对方，携带方便。

图 4-2-50　　　　　　图 4-2-51　　　　　　图 4-2-52

2. T 型棍的进攻技术

（1）前刺。我方民航安保人员呈格斗姿势站立，攻击手持握 T 型棍短棍端，

攻击手由屈到伸将长棍端刺出，刺击时转腰蹬地，力达长棍端最顶端。（图4-2-53）

图 4-2-53

（2）劈击。

①下劈：我方民航安保人员呈格斗姿势站立，两眼目视对方，攻击手持握T型棍短棍端，由上向下劈出长棍端，最后力达长棍端最前端。（图4-2-54）

图 4-2-54

②横劈：我方民航安保人员呈格斗姿势站立，两眼目视对方，攻击手持握T型棍短棍端，由左向右横向劈出长棍端，最后力达长棍端最前端。（图4-2-55）

图 4-2-55

（3）挑击。上挑：我方民航安保人员手持握 T 型棍握把端，长棍端紧贴于攻击手小臂，屈臂向上挑肘，同时带动长棍端上挑，力达长棍端最前沿。上挑主要是我方人员攻击手持握 T 型棍握把端，攻击行为人心窝、下颚等部位。（图 4-2-56）

图 4-2-56

（4）横扫。我方民航安保人员手持 T 型棍握把端，转腰蹬地，持械手由右向左（或由左向右）横向发力，力达 T 型棍长棍端最前端，上体与下肢整体发力，击打对方的大腿侧、腰侧、手臂等部位。（图 4-2-57 ~ 图 4-2-59）

图 4-2-57　　　　　　图 4-2-58　　　　　　图 4-2-59

（5）砸击。下砸击：我方民航安保人员双手持握 T 型棍长棍端，握把端朝向行为人，砸击时两手先向右肩上方牵引，随后转腰发力，力达 T 型棍握把端的顶端，保持整体发力，击打对方肩部、躯干、大腿等部位。（图 4-2-60）

图 4-2-60

3. T 型棍的防守技术

（1）格挡。

①单手格挡：我方民航安保人员单手持握 T 型棍握把端，长棍端紧贴于攻击手小臂，以腰带肩、肩带手，力达棍体，同时格挡举至头顶、左右两侧完成格挡技术，可防守来自不同进攻的动作。（图 4-2-61）

②双手格挡：我方民航安保人员右手持握把端，左手托举 T 型棍短棍端或左手持握 T 型棍短棍端，右手持握 T 型棍长棍端，握把端朝下，格挡时两臂从胸前

由屈向伸推出，推出过程肩带手，力达棍体，举至头顶，可防守来自从头上劈下的攻击。（图 4-2-62 ~ 图 4-2-63）

图 4-2-61　　　　　　　图 4-2-62　　　　　　　图 4-2-63

（四）执勤器械的禁击部位

头部：作为人体重要的部位，其所包含的中枢神经更是有着支配作用。而头部相对人体的其他部位较为脆弱，无论轻击或者重击，都可能会造成颅内出血、脑功能障碍等状况，导致行为人当场死亡。

脊柱：作为人体骨骼架构的重要部位，是头部、躯干和下肢的重要行动者。当行为人脊柱受到严重的击打后，可导致下肢瘫痪或全身瘫痪等严重的后果。

五脏六腑：是人体的重要内脏器官。当内脏器官受到严重的攻击后，极易造成内脏出血，导致行为人的当场死亡。

裆部：是人体的要害部位之一。轻击裆部会使行为人产生剧烈的疼痛，并且暂时失去抵抗力；重击裆部还会导致出现呕吐、晕厥或者死亡。

【技能训练】

（一）空击练习

学员可在实训场馆内成体操队形散开，前后左右保持足够的距离，根据教师口令进行集体空击训练。

（二）打靶训练

学员可在实训场馆内成两排相对而立，一排学员拿靶，另一排学员打靶，根据教师口令指挥进行练习，训练中应逐渐增加击打力度。

（三）学员一对一反应训练

学员可在实训场馆内或客舱过道内两人一组进行练习，一名学员为操作手一方，另一名为配手一方。教师下达指令后，配手一方上前欲使用刀械、棍棒随意攻击操作手一方的头部或躯干部位，操作手一方要快速反应，迅速做出正确的判断，使用执勤器械（应急棍、伸缩警棍、T型棍等）技术进行防御，随即运用所学棍术类控制技术将对方控制。实训场馆内可多组同时进行练习，狭长隧道内可逐组进行练习。

二、盾牌应对极端暴力行为的技战术

（一）盾牌戒备姿势

我方民航安保人员或单手、或双手屈臂持盾牌，盾牌放于身前，膝关节弯曲，藏头含胸缩小身体，挡住自身的要害部位，防止暴露在盾牌之外的范围。

（1）单手持盾：我方民航安保人员格斗姿势站立，左手从左往右穿过抓住软带的手柄，做背带辅助持握，大小臂呈45°夹角，始终目视前方。（图4-2-64）

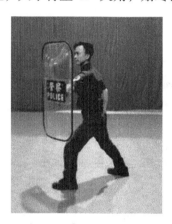

图4-2-64

（2）双手持盾：我方民航安保人员呈格斗姿势站立，双手从两侧抓左手柄，头部藏于盾牌内侧，肘关节下沉，重心保持在两腿之间。（图4-2-65～图4-2-66）

图 4-2-65 图 4-2-66

（二）盾牌格挡技术

动作要领：当暴力行为人手持器械自上而下击打我方民航安保人员时，我方人员两腿分开呈格斗姿势，两手紧握手柄，盾牌向攻击方向屈臂上举，同时头部与盾牌保持一定的间隔，防止震到头部。（图 4-2-67）

动作要求：屈臂持盾格挡要有力。

图 4-2-67

（三）盾牌撞击技术

动作要领：我方航空安保人员两臂屈肘持盾，身体后倾化解暴力行为人攻击部分，左脚迅速上步，双手猛力向对方脸部推击盾牌，使盾牌作为手臂的延长线击打对方。（图 4-2-68）

动作要求：撞击要猛、快、狠。

图 4-2-68

（四）盾牌压按技术

动作要领：我方民航安保人员双手持盾，膝关节微屈，身体前倾，将盾牌正面横向按压暴力行为人的肩膀或手腕，并配合跪下增加盾牌的重量，控制对方。（图4-2-69）

动作要求：盾牌按压要牢固。

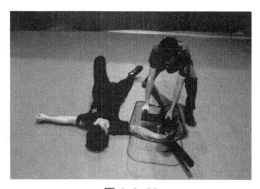

图 4-2-69

（五）盾牌切击技术

动作要领：我方民航安保人员双手持盾，双腿屈膝下蹲，双手将盾牌举至头顶，同时向下发力，迅速用盾牌下沿击打暴力行为人髋部或者裆部。（图4-2-70）

动作要求：上举与下切速度要快、准、狠。

图 4-2-70

（六）盾牌解脱技术

动作要领：当暴力行为人双手抓住我方民航安保人员盾牌前沿时，我方人员双手顺势向左侧旋转，迫使对方双手交叉旋转；随后快速向右后侧抽拉盾牌，完成解脱。（图 4-2-71～图 4-2-74）

动作要求：旋转要突然，抽拉要迅速。

图 4-2-71

图 4-2-72

图 4-2-73

图 4-2-74

（七）盾牌配合伸缩警棍的处置技术

1. 单人盾牌配合伸缩警棍

我方民航安保人员左手背带辅助持握盾牌，右手保持提棍戒备姿势；左手盾牌用于格挡行为人的攻击，防护我方人员安全，右手持棍可震慑行为人的行动，必要时可进行一定的正当防卫。（图4-2-75）

图 4-2-75

2. 双人盾牌配合伸缩警棍

在遇到具有严重暴力的行为人时，持盾的我方民航安保人员应位于对方前方，掩护持应急棍的我方人员；持棍的我方人员紧跟其后，必要时可随时控制行为人的举动。（图4-2-76）

图 4-2-76

【技能训练】

（一）学员一对一配合训练

学员可在实训场馆内或狭长隧道内进行一对一练习，一名学员为操作手一方，另一名为配手一方。根据教师下达的指令，操作手一方使用警盾对配手一方的进攻进行格挡。两人一组，可多组同时进行练习。

（二）学员一对二反应训练

学员可在实训场馆内或客舱过道内一对二进行练习，两名学员为操作手一方，另一名为配手一方。教师下达指令后，配手一方上前欲使用刀械随意攻击操作手一方的头部或躯干部位，操作手一方要快速反应，迅速做出正确的判断，其中一位操作手使用盾牌进行防御并格挡配手的进攻，另一位操作手使用约束性器械将对方控制。

三、钢叉应对极端暴力行为的技战术

（一）钢叉的戒备姿势

体前戒备：我方民航安保人员与暴力行为人正面对峙时，应两脚前后开立呈格斗姿势，右手持握钢叉的底部把柄，屈臂置于腹前，钢叉顶端的半圆形叉头朝前；左手持握钢叉后1/3尾端处，目视前方，保持警惕。（图4-2-77）

图4-2-77

（二）钢叉的使用技术

1. 前后约束控制

我方民航安保人员分别手持钢叉和抓捕器保持戒备姿势站立，前者手持钢叉向前推击对方武器或者身体，限制行为人的行动；后者手持抓捕器由后向前锁住行为人的脚踝后侧，向后回拉对方脚踝，迫使对方左脚离地并俯身倒地；手持钢叉的我方人员迅速向前上步，将钢叉前端半圆形叉头向下抵住行为人的颈部或胸部，完成控制。（图4-2-78~图4-2-81）

图4-2-78

图4-2-79

图4-2-80

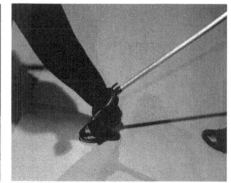

图4-2-81

2.后面约束控制

我方民航安保人员分别手持钢叉和抓捕器从后侧接近行为人，手持钢叉的我方人员用半圆形叉头控制行为人的颈部向前推击，迫使身体前倾；手持抓捕器的我方人员控制对方的腿部向后回拉，使对方左腿（或右腿）抬起，随之因失去重心而向前俯身趴地，随后两位我方人员迅速上前约束对方的行为，完成控制。（图4-2-82~图4-2-84）

图 4-2-82

图 4-2-83

图 4-2-84

3. 左右两侧约束控制

两名我方民航安保人员分别手持钢叉和抓捕器从两侧接近行为人,手持钢叉的我方人员推按行为人右侧颈部,使行为人身体倾斜;手持抓捕器的我方人员锁住行为人左脚踝并用力回拉,迫使对方向一侧倒地,最终约束行为人行动。(图 4-2-85~图 4-2-87)

图 4-2-85

图 4-2-86

图 4-2-87

（三）钢叉的使用禁忌

（1）在约束过程中，切勿将半圆形叉头的一角朝向对方眼睛，以免控制时造成严重的伤害。

（2）在使用钢叉的过程中，由于钢叉本身较长，所以不宜采用劈击。

（3）在使用钢叉的过程中，双手要始终紧抓低端把柄和中段，切勿单手抓握防暴钢叉，以免被行为人抢夺。

（4）钢叉使用尽量要以约束对方的行动为主，不宜实施过多的击打方式，以免损害钢叉的寿命。

【技能训练】

（一）空击练习

学员可在实训场馆内成体操队形散开，前后左右保持足够的距离，根据教师口令进行集体空击训练。

（二）控制假人训练

学员可在实训场馆内成一排体操队形，分别面对假人，教师以口令指挥进行练习，训练中应逐渐增加约束力度。

（三）学员一对一反应训练

学员可在实训场馆内或模拟狭长隧道内两人一组进行练习，一名学员为操作手一方，另一名为配手一方。教师下达指令后，配手一方上前欲使用刀械随意攻击操作手一方的头部或躯干部位，操作手一方要快速反应，迅速做出正确的判断，使用钢叉技术约束对方的行为。实训场馆内可多组同时进行练习，空地可逐组进行练习。

四、最小作战单元盾牌叉应对极端暴力行为的技战术

（一）盾牌叉应对极端暴力行为的技战术

这里以双人小组使用安保械具对单一行为人的配合作战技术控制为例。

动作要领：在机场站登机口或者安检口等场景内，并暴力行为人持有凶器，且暴力行为人肆意攻击其他人员或者我方民航安保人员时，我方民航安保人员分别手持盾牌和钢叉，正面与暴力行为人对峙；手持盾牌的我方人员位于对方左前方，其目的是格挡行为人的攻击，保护我方人员的安全；手持钢叉的我方人员位于对方右前方，其目的是约束对方的攻击。当后者看到前者挡住了行为人的攻击时，后者迅速移至前方，双手持钢叉迅速推击对方的颈部（或手臂，或胸腹），将其推至墙角，固定身体；前者见状迅速手持盾牌逼近对方身体，并用盾牌的正面压按行为人的持械手臂，使其感到疼痛，最终放弃抵抗。（图4-2-88～图4-2-92）

动作要求：我方手持盾牌者持盾上架要有力，格挡要及时，我方手持钢叉者推击要快速有效，防止对方反抗，两位人员一前一后、一攻一防进退有度、配合默契。

图4-2-88

图4-2-89

图4-2-90

图4-2-91

图 4-2-92

（二）盾盾叉应对极端暴力行为的技战术

这里以三人小组使用安保械具对单一行为人的配合作战技术控制为例。

动作要领：在机场大厅、登机口或者安检口等场景下，暴力行为人肆意阻碍工作人员正常工作，并且持有凶器时，我方三位民航安保人员分别手持盾牌与钢叉形成倒三角的站位与行为人对峙，两名手持盾牌的我方人员站于前方，持钢叉的我方人员位于后方，持盾的我方人员负责格挡对方的所有进攻手段，而另一名我方人员则是负责用钢叉前的半圆形叉头推按行为人颈部，迫使对方倒地或靠近墙角。随后两名持盾的我方人员迅速将盾牌正面用于按压对方手两个手臂，使行为人感到痛疼而放弃持械。（图 4-2-93～图 4-2-96）

动作要求：三人方阵始终要保持协调有序，配合一致；持盾的我方人员举盾格挡要及时，按压要用力；持钢叉的我方人员推压要凶狠，控制要牢靠。

图 4-2-93

图 4-2-94

图 4-2-95 　　　　　　　　　　　　图 4-2-96

【技能训练】

学员多对一反应训练

学员可在实训场馆内或模拟狭长隧道内三至四人一组进行练习，一名为配手，其余学员为操作手。教师下达指令后，配手一方上前欲使用刀械随意攻击操作手一方的头部或躯干部位，操作手一方要快速反应，持盾操作手迅速做出正确的判断，使用盾牌阻挡进攻，持钢叉操作手随即使用所学的约束性控制技术将其控制。四人轮换进行练习。

【思考题】

1. 在团队抓捕中最重要的条件有哪些？

2. 二人小组处置单一暴力行为人具有哪些技术方法？

3. 在实战中，对于持有凶器的暴力行为人采用几人的警械作战最合适？

4. 应急棍具有哪些攻击方式？

5. 使用防卫器械应遵循哪些原则？

6. 使用盾盾叉牌将暴力行为人撞倒在地后应如何进一步控制对方？